KAWADE
夢文庫

暮らしのSDGs術

ライフ・エキスパート［編］

河出書房新社

SDGsの達成を目指し個人で何ができるか——まえがき

少し前までは、知る人ぞ知る言葉だった「SDGs(エスディイジーズ)」ですが、いまや多くの人が当たり前のように話題にするようになりました。

「やっぱりSDGsって、地球の未来にとって大切だよね」

「これからは企業活動もSDGsを意識しないと!」

こうして急速にSDGsが知れわたることで、世界全体が、何かよい方向に大きく舵(かじ)を切りつつある、という予感のようなものを感じている人も多いのではないでしょうか。

そこで次のステップです。

SDGsが大切なことはわかった。それをちゃんとしないと、地球が〝持続可能〟でなくなってしまうこと、そのためにいま、一人ひとりが行動しないといけないことも、わかった。

「じゃあ、具体的に自分は何をすればいいの?!」

それについて、まとめたのがこの本です。

ＳＤＧｓは、持続可能な開発のための17の目標です。その領域は、地球温暖化防止はもちろんのこと、貧困の撲滅からジェンダー平等の実現まで、極めて広範です。そのため、別の言い方をすれば「捉えどころがない」ともいえるでしょう。

しかし、それはＳＤＧｓの性格上、どうしてもそうなってしまうのです。なぜなら、17の目標はそれぞれ別のことをいっていながら、互いに関連しあっているからです。

たとえば、目標❶の「貧困をなくそう」を実現することは、目標❷「飢餓をゼロに」、目標❸「すべての人に健康と福祉を」など他のさまざまな目標の実現につながります。

一方で、途上国が発展し、人々が豊かになることで、社会活動が活発になりCO_2排出量が増えたり、資源の消費が進んだり、また、海や陸の自然が影響を受けたりすることもあるかもしれません。

つまり、いま、地球が直面している問題は、怪獣のように巨大でやっかいな難敵であると同時に、さまざまな問題が一つひとつ複雑に絡み合って出来上がっている複合体のようなものだともいえます。

もしもいま、この問題に立ち向かうために、自分ひとりにできることなど果たして意味があるのか、と無力感を感じている人がいるとしたら、それは違います。

相手が、さまざまな問題が絡み合った複合体だからこそ、一人ひとりの行動の積み重ねで対処するしかない。いや、その方法でしか解決できない領域というものが確実にあるのです。

この本では、私たちが暮らしのなかで、地球のために（つまり未来の私たちのために）できることを集めています。

国や企業の大きな施策も大切だけれど、一人ひとりの行動も大切。だから、まずできることから始めてみる。そう思い立ったときのガイドとして、この本がお役に立てれば幸いです。

ライフ・エキスパート

暮らしのSDGs術／もくじ

序章　SDGsが掲げる「17の目標」とは

1章 今からすぐ実践できる食べ物のエコな選び方

2章 買い物を見直して食の消費をエシカルに！

3章　フードロスをグンと減らすちょっとした工夫

4章　環境にも人にもやさしいファッションの楽しみ方とは

5章　日々の習慣を変えて持続可能な暮らしへ

6章 住環境を整えてエネルギー消費を抑える

7章 一人ひとりが取り組める職場での省資源の心がけ

8章 レジャー・通勤・買い物…クリーンな移動の方法とは

9章 サステナブルを見据えたデジタルライフの知恵

10章 個人商店・企業を〝応援〟してSDGs達成に協同する

カバーイラスト◉山村真代
本文イラスト◉堀江篤史
協力◉岡本象太

目標❾ 産業と技術革新の 基盤をつくろう	レジリエントなインフラを構築し、誰もが参画できる持続可能な産業化を促進し、イノベーションを推進する
目標❿ 人や国の不平等を なくそう	国内および各国間の不平等を是正する
目標⓫ 住み続けられる まちづくりを	都市や人間の居住地を、誰も排除されず、安全かつレジリエントで持続可能にする
目標⓬ つくる責任 つかう責任	持続可能な消費・生産形態を確実にする
目標⓭ 気候変動に 具体的な対策を	気候変動とその影響に立ち向かうために、緊急対策を実施する
目標⓮ 海の豊かさを守ろう	海洋と海洋資源を持続可能な開発に向けて保全し、持続可能な形で利用する
目標⓯ 陸の豊かさも守ろう	陸の生態系を保護するとともに、持続可能な利用を促進し、持続可能な森林管理を行ない、砂漠化を食い止め、土地劣化を阻止・回復し、生物多様性の損失を食い止める
目標⓰ 平和と公正を すべての人に	持続可能な開発のための平和で誰をも受け入れる社会を促進し、すべての人が司法を利用できるようにし、あらゆるレベルにおいて効果的で説明責任があり、誰も排除しない仕組みを構築する
目標⓱ パートナーシップで 目標を達成しよう	持続可能な開発のための実施手段を強化し、グローバル・パートナーシップを活性化する

◉SDGs17の目標一覧

目標❶ 貧困をなくそう	あらゆる場所で、あらゆる形の貧困を終わらせる
目標❷ 飢餓をゼロに	飢餓を終わらせ、食料の安定確保と栄養の改善を実現し、持続可能な農業を実現する
目標❸ すべての人に 健康と福祉を	あらゆる年齢のすべての人々が健康的な生活を送れるようにし、福祉を推進する
目標❹ 質の高い教育を みんなに	すべての人に包括的で公平な質の高い教育を受けられるようにし、生涯学習の機会を促進する
目標❺ ジェンダー平等を 実現しよう	ジェンダーの平等を達成し、すべての女性・少女が力をもてるようにする
目標❻ 安全な水とトイレを 世界中に	すべての人々が衛生的な水を利用できるようにし、持続可能な管理をする
目標❼ エネルギーをみんなに そしてクリーンに	すべての人が手頃な価格で、信頼できる持続可能で現代的なエネルギーを利用できるようにする
目標❽ 働きがいも 経済成長も	持続可能な経済成長を目指し、すべての人に完全で生産的な雇用、働きがいのある人間らしい仕事を促進する

序章　ＳＤＧｓが掲げる「17の目標」とは

まずはおさらいとしてＳＤＧｓの17の目標を簡単に説明します。すでにご存じの方はここは飛ばして、次章からお読みください。

目標❶　貧困をなくそう
あらゆる場所で、あらゆる形の貧困を終わらせる

ＳＤＧｓの17の目標のトップにおかれているのは、貧困の問題です。まえがきでも述べたとおり、ＳＤＧｓの各目標はそれぞれを個々に解決すべきものではなく、互いに関連しあっています。

とくにこの貧困の問題は、他のさまざまな問題の原因ともなっている、大き

な問題です。

SDGsでは、1日1・25ドル以下で暮らす人を「極度の貧困」と定義しています。全世界で8・2％の人（約6億4600万人）が、この極度の貧困の状態におかれています（2019年）。2020年には、新型コロナウイルスの影響で、新たに1億1900万～1億2400万人が極度の貧困へと追いやられたと報告されています。

2030年までに、貧困をゼロにして目標を達成することは、現時点では難しいといわざるを得ません。

貧困は途上国だけの問題ではありません。貧困には「1日1・25ドル以下」の絶対貧困と、もうひとつ相対貧困があります。相対貧困とは、その国や地域のなかで平均的な水準よりずっと貧しい暮らしをしている人のこと。正確には「等価可処分所得（とうかかしょぶんしょとく）の中央値に半分に満たない人」と定義され、日本では年収127万円以下の人がこれに当たります。

2020年に厚生労働省が発表した調査結果によると、日本の相対貧困率は15・4％となっています。

目標❷ 飢餓をゼロに

飢餓を終わらせ、食料の安定確保と栄養の改善を実現し、持続可能な農業を実現する

世界では、定期的に食料不足か、健康的でバランスのとれた食事を摂れていない人が、23・7億人もいると報告されています。新型コロナウイルスの影響で、栄養不足に陥った人の数は1億人程度増え、7億2000万～8億1100万人にも上ると見積もられています。

地域的には、サブサハラと呼ばれるサハラ砂漠以南のアフリカと、南アジアに集中していて、これらの地域では、5歳未満の乳幼児の3人に1人が栄養不足による発達障害で苦しむなど、飢餓は深刻な問題です。

この目標に関連して、いま注目を集めているのが、フードロスの問題です。いま世界では13億トンもの食料が毎年捨てられていると報告されています。先進国では毎年たくさんの食料を途上国から輸入していますが、たくさんの〝まだ食べられる〟食料が廃棄されています。

その一方で、途上国では十分な食料が確保できておらず、栄養不足・欠乏状

態の人たちがたくさんいます。これが世界の現状なのです。

しかし、フードロスを生み出しているのは先進国ばかりではありません。じつは途上国内でもフードロスは発生しているのです。

途上国では先進国のように十分な食料の保存施設や輸送手段をもたないために、出荷前、出荷途中の段階で廃棄になる食料がどうしても発生してしまうのです。

途上国においては、フードロスの問題は貧困や社会インフラの問題でもあるのです。

目標❸ すべての人に健康と福祉を

あらゆる年齢のすべての人々が健康的な生活を送れるようにし、福祉を推進する

SDGsが策定された2015年時点での健康と福祉の課題は、

- 妊産婦の死亡率を下げる
- 新生児・5歳児以下の死亡率を下げる

・エイズ、マラリア、結核その他の感染症を根絶する
・薬物やアルコールの濫用防止を強化する

などでした。

そしていまでは、新型コロナウイルスが、人々の健康と生命を脅かす最大の問題として、先進国、途上国を問わずのしかかっています。

「SDGs報告書2021」では、コロナ禍により保健分野の前進は停滞または逆戻りし、平均寿命が短くなったと報告しています。

目標4 質の高い教育をみんなに

すべての人に包括的で公平な質の高い教育を受けられるようにし、生涯学習の機会を促進する

日本では、小学校・中学校は義務教育なので、誰でも学校に通うことができます。しかし、世界中どこでも、それが当たり前というわけではありません。

家が貧しいので働かなければならない、兄弟の世話をしなければならない、学校に行きたくても近くに学校がない、戦争、紛争、病気などなど、さまざま

な理由で学校教育を受けられない子供たちがたくさんいます。教育の機会が与えられなかったことは、生涯にわたって不利益をもたらします。15歳以上で読み書きができない人は、いま、世界に7億人いるといわれています。

また、そのうちの約3分の2が女性です。生活環境だけでなく、性別や民族などの差別も、教育機会を奪う要因となっています。

目標❺ ジェンダー平等を実現しよう

ジェンダーの平等を達成し、すべての女性・少女が力をもてるようにする

貧困や教育と違い、ジェンダー平等の問題は、先進国・途上国を問わず、誰にとっても身近な問題です。

職場や家庭で、時に目に見えない形で根を張っています。職場では、#MeToo運動をきっかけに女性たちが声を上げたことで表面化した性的ハラスメントや、男女間の賃金格差の問題があります。

家庭では、家事負担の不平等が指摘されています。また地域によっては、児

童婚／強制婚／女性器切除などの社会的慣習、政治／経済／社会への参加機会の不平等、教育機会の不平等なども根強く残っています。

さらには、男性・女性間の問題だけではなく、ＬＧＢＴＱの性的マイノリティの権利や社会的地位の向上も大きな問題となっています。

ちなみに、２０２１年の日本のジェンダーギャップ指数は１５６か国中１２０位でした。

目標❻　安全な水とトイレを世界中に

すべての人々が衛生的な水を利用できるようにし、持続可能な管理をする

２０２０年、安全に管理された飲料水を利用できない人々は、世界中で20億人もいます。こうした人たちは、汚染された水や不衛生な水を飲まなければならず、そのせいで病気になったり命を落としたりする子供は年間１５０万人にも上っています。

また、安全に管理されたトイレを利用できない人は36億人。これは全世界人口の46％にあたります。基本的な手洗い設備がない人も23億人いて、十分な予

防ができないままコロナウイルス感染のリスクに晒されています。

今後、世界人口はさらに増加することが予想され、気候変動が進めば地域によってはさらに水不足になる可能性があります。そうなると安全な水の価格が上がり、貧困にあえぐ人たちはさらに水の入手が難しくなるかもしれません。

いま、水を大量に消費する産業は、何らかの変革が求められています。

目標7 エネルギーをみんなに そしてクリーンに

すべての人が手頃な価格で、信頼できる持続可能で現代的なエネルギーを利用できるようにする

現在17の目標のなかでも注目を集めている問題のひとつが、このエネルギー問題でしょう。いま、世界で電気のない生活をしている人は7億5900万人います。また、危険で非効率的な調理システムを使用している人は26億人で、全世界の3分の1にあたります。「エネルギーをみんなに」供給するためには、インフラの整備を進める必要があります。

一方、多くの人が電気エネルギーを利用するようになれば、化石燃料の消費

も加速します。するとCO$_2$排出量が増え、地球温暖化も加速してしまいます。化石燃料から再生可能エネルギーへ、電力を「クリーンに」することは、いま人類が直面している最大の課題といえるでしょう。最終エネルギー消費（会社や家庭で実際に消費されたエネルギー）に近代的な再生可能エネルギーが占める割合（2018年）は、電力部門では25・4%となっています。

目標❽ 働きがいも　経済成長も

持続可能な経済成長を目指し、すべての人に完全で生産的な雇用、働きがいのある人間らしい仕事を促進する

それぞれの国の状況に応じて、すべての人が経済的に豊かに暮らしていけるよう、毎年着実に経済成長を続けられること。また、すべての人がディーセントワーク（働きがいがある仕事）に就いて、精神的にも豊かさを感じられること。SDGsは、そんな社会を目指しています。この目標も、目標❸の「すべての人に健康と福祉を」とともに、コロナ禍で改めて身近な課題として認識した人が多いでしょう。

コロナ禍で2億5500万人分のフルタイム雇用に相当する仕事が失われたと報告されています。これは、世界金融危機(2007〜2009年)のときの約4倍に当たります。零細な自営業や日雇い労働など16億人の労働者は、社会的セーフティネットを利用できず、コロナ禍で大きな影響を受けました。

景気は大きく後退し、多くの国でコロナ以前の水準に戻るのは2022〜2023年になる見込みといわれています。

目標9 産業と技術革新の基盤をつくろう

レジリエントなインフラを構築し、誰もが参画できる持続可能な産業化を促進し、イノベーションを推進する

レジリエントは、「強靱(きょうじん)」「復元力がある」などの意味で、自然災害や障害などがあっても復旧可能な、交通網、電気などのライフライン、インターネットなどの情報入手・伝達手段を整備・構築することを目指しています。

こうしたインフラが整備されていないために、低所得国では産業の生産性が約40%損なわれていると国連は報告しています。

たとえば、途上国25か国で暮らす農村地域の住民5億2000万人のうち、約3億人が道路に簡単にアクセスできない場所に住んでいます。こうした状況が改善されれば、生活水準も生産性も改善され、貧困の削減にもつながります。まずインフラを整備すること。そうすれば、食料・飲料、繊維・衣料産業の分野で、途上国は大きく発展する可能性があり、持続的な雇用、生産性の向上が期待できます。

目標⑩ 人や国の不平等をなくそう
国内および各国間の不平等を是正する

国際NGOオックスファムは「世界のトップ富豪2153人の資産の合計は、世界人口の60％にあたる46億人の富を上回る」と2020年版の報告書で発表しています。

また、各国間で比べると、国民1人当たりの豊かさを示す「1人当たりGDP（国内総生産）」が、もっとも多い国ルクセンブルク（11万6921ドル）ともっとも少ない国ブルンジ（256ドル）では400倍以上の格差があります。

こうした格差は、必ずしも本人の努力や能力のせいばかりではなく、与えられた環境や機会の〝不平等〟によるものが大きいことは明らかです。

目標⑩では、すべての人が、年齢、性別、障がい、人種、民族、生まれ、宗教、経済状態などにかかわらず、能力を高め、社会的、経済的、政治的に取り残されないことを目指しています。この問題にも、新型コロナウイルスのパンデミックが影を落としていて、金融危機以来縮小しつつあった所得の不平等が、再び拡大しているという報告があります。

目標⑪ 住み続けられるまちづくりを

都市や人間の居住地を、誰も排除されず、安全かつレジリエントで持続可能にする

世界の都市部の人口は、年々増え続けています。SDGsが採択された2015年の時点では35億人、全人口の約半数でしたが、2030年までには、世界人口のほぼ60%を占めるようになると予測されています。

都市部には、裕福な人たちだけではなく、経済的に困窮(こんきゅう)している人や、差別

を受けている人もいます。劣悪な環境のスラムに住む人は、都市人口全体の3割に上ります。また、女性や子供、高齢者や障がいのある人など、いわゆる社会的弱者が暮らしやすいような仕組みが未整備の地域もたくさんあります。

さらに、いっけん安全で便利に見える都市部でも、人口が過密化しているためにかえって、地震、洪水、火災、パンデミックなどの災害時に大きな被害が出やすいことも危惧されています。

都市部でも、すべての人が安心して住み続けることができることをＳＤＧｓは目指しています。

目標⑫ つくる責任 つかう責任

持続可能な消費・生産形態を確実にする

目標⑫は、生産と消費の問題です。シンプルにいうなら、廃棄物の問題といえるでしょう。

２０００年に60億人だった世界人口は、２０５０年には96億人に達すると予測されています。そうなれば、資源の消費量も当然増え、地球３つ分の天然資源が必要になるといわれています。いますぐにでも、生産や消費のあり方を見直さなければならない事態に、地球は直面しています。

具体的には、3R（リデュース、リサイクル、リユース）によって廃棄物を削減すること、フードロスを削減すること、いずれ枯渇する化石燃料の消費を抑え地球温暖化ガスの排出を抑制することなどが含まれます。

目標⑫で重要なポイントは、「つかう責任」に言及していることです。つまり、国策や企業の対策だけではなく、私たち一人ひとりに直接投げかけられた提言でもあるのです。

目標⑬ 気候変動に具体的な対策を
気候変動とその影響に立ち向かうために、緊急対策を実施する

ＳＤＧｓが取り上げる問題はどれも最重要課題ですが、近年とくに注目されているのが「地球温暖化」の問題です。温室効果ガスのひとつ、CO_2の排出量と減らす量を同一にして差し引きゼロを目指す「カーボンニュートラル」は、すでに世界の合言葉になり、１２５か国・１地域が、２０５０年までにそれを

実現することを表明しています。

世界が協力して目指す目標値は、平均気温の上昇を産業革命前（1880年）に比べて2℃以内に抑えること。さらに、できれば1・5℃以内に抑えることも〝努力目標〟としています。この数値は、2015年のCOP21（第21回気候変動枠組条約締約国会議）で「パリ協定」として採択されました。2020年現在、すでに上昇幅は1・2℃に達しています。

平均気温が上昇すると、たとえば次に挙げたような、さまざまな深刻な影響が発生します。

- 海面水位が上昇して、低地に住む人々の住む場所がなくなる
- 森林火災、豪雨、洪水、干ばつが頻繁に発生する
- 水不足が深刻化する
- 水質が悪化して感染症が増える
- 小麦をはじめ農作物の収穫量が減る
- サンゴが白化するなど生態系が変化する　など

こうした影響の一部は、もうすでに始まっているのです。

目標⑭ 海の豊かさを守ろう

海洋と海洋資源を持続可能な開発に向けて保全し、持続可能な形で利用する

海に関する提言は、複数の問題を含んでいます。

まず、海洋汚染。なかでも、マイクロプラスチックは深刻な問題です。人間が出すプラスチックゴミのうち、処理されずに海に流出する量は、年間800万トン。

流出したプラスチックゴミは紫外線による劣化や波の作用などで細かく砕かれ、直径5ミリ以下のマイクロプラスチックになります。このほか、生活排水にあらかじめ含まれるマイクロプラスチックも海に流出します。

これらは、海洋の生態系に影響を及ぼすだけでなく、それを食べる人間への影響もあると指摘されています。

また、乱獲による海洋資源の減少も深刻です。1970〜2012年の約40年の間に、海洋生物の総量は49％減少したという調査報告があります。魚が獲れなくなれば、価格が高騰するだけでなく、小規模漁業事業者の生活に影響を

与えることにもなります。

さらに、大気中のCO_2濃度の上昇の影響で、海の酸性化が進んでいて、そのせいでサンゴが絶滅の危機に瀕(ひん)しているなど、海の〝豊かさ〟はさまざまな形で脅(おびや)かされています。

目標⑮ 陸の豊かさも守ろう

陸の生態系を保護するとともに、持続可能な利用を促進し、持続可能な森林管理を行ない、砂漠化を食い止め、土地劣化を阻止・回復し、生物多様性の損失を食い止める

陸の豊かさを守るためには、海の場合と同じように、さまざまな問題に目を向ける必要があります。森林、湿地、山地、乾燥地を保全・回復する。砂漠化に対処する。生態系を守る。絶滅危惧種を保護する。遺伝資源（生物）を公平に分ける。密猟・違法取引をなくす。外来種の侵入を防ぐ。これらを一言で言うとすれば、「自然を守ろう」つまり「生物多様性を保全しよう」ということになります。

私たち人類は、地球の生態系（動物、植物、土壌、環境など）からさまざまな恩恵を受けていますが、もしも生態系のバランスが崩れて生物多様性が損なわれると、人類が受け取れる〝自然の恵み〟に影響が出ることになります。

私たち人類も、地球の生態系の一部であり、生態系を守ることは、私たち自身を守ることでもある、ということを、この提言は前提にしています。

目標⑯ 平和と公正をすべての人に

持続可能な開発のための平和で誰をも受け入れる社会を促進し、すべての人が司法を利用できるようにし、あらゆるレベルにおいて効果的で説明責任があり、誰も排除しない仕組みを構築する

平和と公正を実現するためには、紛争、暴力、子供に対する虐待・搾取、汚職をなくすこと、透明性の高い司法制度を確立することなどが必要です。

地球上にはいまも、戦争や紛争をしている地域があります。こうした地域で生活する子供は3億5700万人（2018年）、世界の子供全体の6人に1人の割合です。そこでは、経済が破綻し、環境も劣悪で教育など十分な公共サー

ビスも受けられず、多くの子供たちが過酷な環境での生活を余儀なくされています。

また、こうした状況から逃れて難民となっている人は、８０００万人を超えるといわれています。紛争や戦争だけではありません。テロ、殺人、人身売買、麻薬、汚職など、さまざまな危険が世界には溢(あふ)れています。

誰もがこのような暴力の被害者になることがないように、ＳＤＧｓは公正な仕組みと司法機関が必要だと訴えています。

目標⑰ パートナーシップで目標を達成しよう

持続可能な開発のための実施手段を強化し、グローバル・パートナーシップを活性化する

目標⑰で扱っているのは、主に資金と技術の問題です。ＳＤＧｓの目標を達成するためには膨大な資金と、技術開発が必要です。貧困、飢餓、衛生環境などの問題を途上国が自力で改善できないのは、資金と技術が不足していることが、ひとつの大きな要因になっています。

そこで、先進国はＯＤＡ（政府開発援助）などを通じてさまざまな協力をするなど、国家間のパートナーシップを進めること。さらに、国同士だけでなく、官民、市民社会の協力も進めていくことを、ここで提言しています。

ＳＤＧｓは、できるところだけが達成すればよいものではなく、地球全体で達成しなければ、意味がないからです。

1章

今からすぐ実践できる食べ物のエコな選び方

肉食を控えると、地球温暖化が防げる!

関連する目標▼❸・⓭・⓯

全世界の人が〝適正な〟量の野菜、果物などの植物性食品を摂(と)り、肉を食べる回数を減らす食事スタイルに変えれば、2050年までに温室効果ガスを29%減らすことができる。

これは、2016年にオックスフォード大学が発表した研究結果です。ちなみに、ベジタリアン(肉は食べないが、卵、乳製品は食べる)の場合は63%、ビーガン(完全菜食)の場合は、70%にもなるとのこと。

加えて、全世界の死亡者数も6〜10％減少するとのこと。つまり健康で長生きができる、ということです。

いまのような肉中心の食生活は、地球環境にも、人々の健康にも大きな影響を及ぼしているといえるでしょう。

まず、問題になるのが、畜産業が排出するメタンガスです。牛のゲップや排泄物からは大量のメタンガスが排出され、その量は年間1億トンともいわれています。

温室効果ガスというと、CO_2（二酸化炭素）がまずやり玉に上がりますが、じつはメタンガスの温室効果はCO_2の28倍も強力です。産業革命以来、大気中のメタンガスの濃度は2倍に増加しています。地球温暖化を防止するためには、畜産業による環境への負荷を半減しなければならないと、国連食糧農業機関（FAO）も警告しています。

また、牛、豚、鶏などの家畜を飼育するためには、大量の飼料が必要になります。飼料は主にトウモロコシや小麦などの穀物ですが、牛肉1キログラムを生産するために11キログラムの穀物、同様に豚肉1キロ生産するには7キロ、鶏肉1キロ生産するには3キロの穀物が、それぞれ必要です。

これだけの大量の穀物（飼料）を育てるためには、広い農地と大量の水が必要です。1キロのトウモロコシを生産するためには、約1800リットルの水が必要という試算があります。このトウモロコシを牛が大量に消費するので、結果として、食用牛肉は大量の飼料、大量の水を消費して生産されていることになります。

さらに、飼料となる作物を育てるために、石油からつくられる窒素（ちっそ）系肥料を大量に散布する必要があります。このとき、植物に吸収されなかった窒素が土壌（どじょう）に残り、地下水に溶け込んだり、大気中に放出されたりして、環境問題を引き起こす一因となっています。

肉の摂取を控（ひか）えて、野菜を食べるのは、かつては健康のためでしたが、いまはそれ以上の意味があります。

世界の70人の科学者と120人のアドバイザーが、地球温暖化を防ぐ実現可能な解決策を検討してランキングしたプロジェクト「ドローダウン」で、「植物性食品を中心にした食生活」は第4位となっています。

ちなみに1位は「冷媒（冷蔵・冷凍の新たな冷媒技術を開発すること）」、2位は「風力発電（陸上）」で、3位はフードロスの削減です。「植物性食品中心の食生活」は、一人ひとりが取り組めることとしては2番目にランクされています。

まず、いますぐに始められることとして、現在、「ミートフリーマンデー」が世界で注目されています。月曜日には肉を食べるのをやめようという活動で、世界では、学校給食で実施している地域もあります。

地球のために、いますぐベジタリアンやビーガンになる必要はありませんが、まずは、週1日から始めてみてはどうでしょう。

売られている肉の生産過程に注目する

関連する目標▼⑫・⑮

畜産業が環境への負荷が大きい産業だからといって、今後一切の肉食をやめる必要はありません。食べるなら環境に与える負荷の少ないサステナブルな食肉を選ぶようにしましょう。

たとえば、オスの仔牛肉。乳を搾る目的で飼われる乳牛は、メスが生まれると成牛に育てて搾乳し、長ければ10歳くらいまで生きます。一方、乳が出ないオスは、生後すぐに肥育農家に販売され、食肉用になります。しかし、肉質が硬くて食用としての価値も低いので、引き取ってもらえないことも多く、その場合は殺処分にされてしまいます。

近年、こうしたオスの乳牛を食用としてできるだけ活用していこうという声が上がっています。

仔牛の段階で殺されることにアニマルウェルフェア（動物福祉。家畜が快適な環境で生活ができる飼育方法を目指す畜産の在り方）の面で賛否はあるものの、仔牛肉は水や穀物の消費量もメタンガスの排出量も成牛よりも少なく、よりサステナブルということもできます。

あるいは、各地で行なわれている循環型農業による生産される食肉も、工業型畜産で大量生産された食肉よりはサステナブルといえます。

循環型農業とは、農業で生じた廃棄物を牛などの飼料として与え、牛糞を回収して堆肥とし、農業に役立てる、というように資源を循環させていこうという試みです。

循環型農業

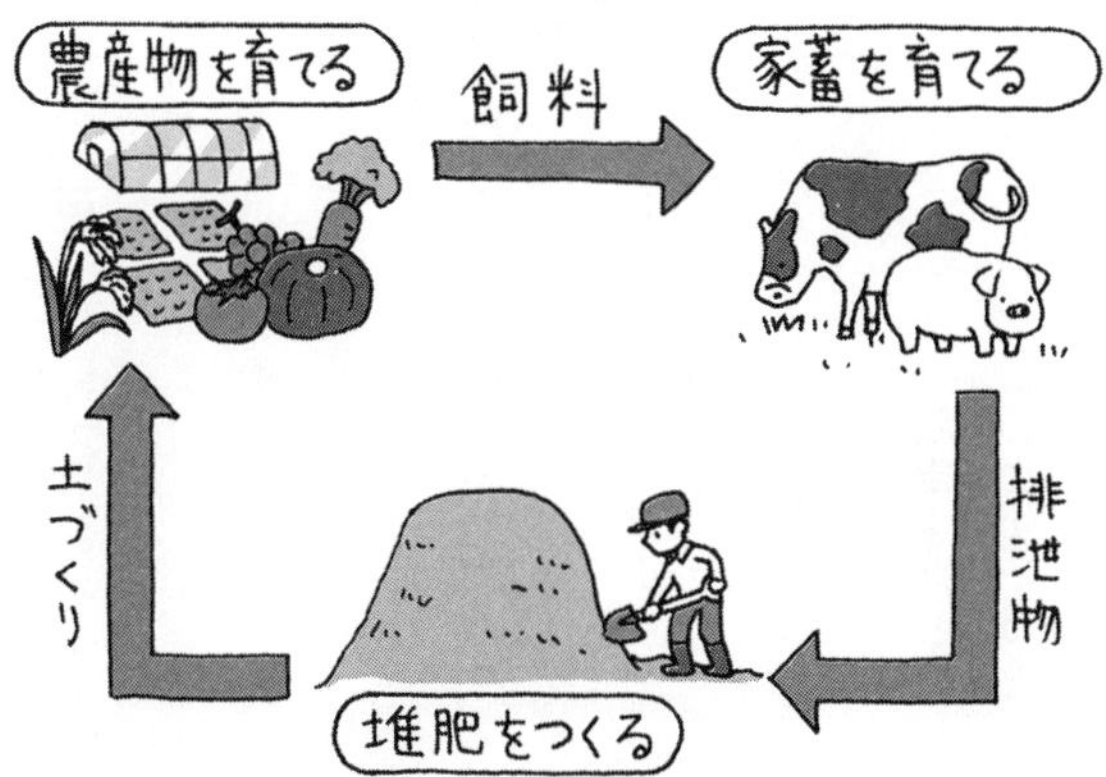

畜産で出た排泄物を回収して農業に役立て、農業で出た廃棄物を飼料にして畜産に役立てる。これを循環型農業という

たとえば、奄美大島（鹿児島県）ではサトウキビの茎や葉を、小豆島（香川県）ではオリーブの搾りかすを飼料とする循環型農業が行なわれています。これらの飼料は栄養価が高いため、食肉としての品質も高くなっています。

このようなブランド肉でない限りは、店頭で売られている肉がどのように生産されているのか、その生産過程を知ることは難しいかもしれませんが、肉を食べるなら、できるだけサステナブルな方法で生産された食肉を食べるようにしましょう。

近年、再注目される次世代フード「代替肉」

関連する目標▼❸・⓭・⓯

もうすでに代替肉を食べているという人もいるかもしれませんが、「知っているけれども食べたことはない」「食べたけれど、おいしくなかったので、いまは食べていない」という人も多いのではないでしょうか。

代替肉は、大豆などの植物性タンパクを原料として肉に似せた食品で、ソイミート、大豆肉などとも呼ばれます。かつては菜食主義者（ベジタリアン、ビーガン）や健康のために肉食を控えている人のために、健康食品専門店などで売っている特別な食品、というイメージでした。

しかし近年、この代替肉が、環境に配慮された次世代フーズとして、再び注目を集めています。

前述したように、畜産はいま、大量の温室効果ガスを排出する環境負荷の大きな産業といわれています。菜食や健康のためではなく、地球環境のために代替肉を食べようという動きが広がっているのです。

世界での代替肉の市場規模は110億ドル（2020年度）といわれ、ここ3年で2倍に成長しています。アメリカでは、スーパーで手軽に手に入るだけでなく、大手ハンバーガーチェーンのメニューにも、代替肉を使った〝ソイミートバーガー〟が登場しています。

日本でも、ここ数年、大手食品メーカーのものをはじめ、さまざまな代替肉製品が登場しています。これらは、スーパーでも簡単に購入できます。その品質も、かつてとは比べ物にならないくらい進化しています。食感も味も肉のようではあるけど〝肉と比べて劣る〟という印象をもっているとしたら、認識を改めることになるでしょう。

地球環境のためにも、生姜(しょうが)焼きや唐揚げなど、いつものメニューを代替肉にしてみてはどうでしょうか。

植物性ミルクを利用して、温室効果ガスを減らす

関連する目標▼③・⑬・⑮

肉を控えたら、今度は牛乳などの乳製品も植物由来のものに替えましょう。

牛乳もまた畜産業の産物なので、環境に負荷を与えていることに変わりありません。

植物性ミルクといえば、日本では豆乳が一般的ですが、近年、健康によいという理由で注目されているアーモンドミルクをはじめ、ココナッツミルク、オーツミルクなど、さまざまな種類の植物性ミルクが、スーパーで手軽に手に入るようになりました。

どの植物性ミルクを選んだとしても、排出される温室効果ガスの量は3分の1以下になります。改めて言及しておくと、畜産は、温室効果ガスに加えて、広大な農地と大量の水を消費しています。その点でも、牛乳を植物性ミルクに替えることは環境にやさしい選択です。

では植物性ミルクは、どれを選んだらよいのでしょうか。

豆乳は、温室効果ガスと水の使用量では、牛乳よりも大幅に少なくなります。しかし、別の問題があります。大豆の需要が増え、その栽培のためにアマゾンの熱帯雨林が伐採されていることが問題になっています。また、一部では遺伝子組み換えが行なわれているものもあります。

ココナッツミルクは、水や化学物質をほとんど使用しないで栽培できるので、環境に与える影響は少ないといえます。しかし、一部の農園で、収穫に携(たずさ)わる労働者が1日1ドル以下で働かされているという労働環境の問題があるようです。

アーモンドミルクは、畜産ほどではないにせよ、栽培に大量の水が必要です。世界のアーモンドの80％はアメリカのカリフォルニア州で生産されていますが、近年、気候変動の影響で、壊滅(かいめつ)的な干ばつ状態です。そのためアーモンド栽培も、他の農作物同様、他の地域から水を引き込んでいるそうです。

オーツミルクは、オーツ麦を原料にした植物性ミルクです。環境への負荷は少ないものの、アメリカのオーツ麦栽培では大量の農薬が使われている可能性があります。

以上からわかるように牛乳に替わる植物性ミルクにも、それぞれにメリット、デメリットがあります。また、味や価格もそれぞれ異なるので、どれが正解というものでもありません。好みやスタイルにあわせて、バランスよく取り入れていくのがよいのではないでしょうか。

魚介類は水産エコラベルのついたものを

関連する目標▼❸・⓭・⓮

周囲を海で囲まれた日本では、古来、魚をタンパク源として食べてきました。魚と野菜（と発酵食品）が中心の和食は、〝長寿国〟日本を支える伝統の食習慣です。

健康のために魚を食べる習慣が見直されたせいか、最近では、世界の国々でも魚の消費量が増えています。

ところが、いくら地球の７割は海といっても、海で獲れる魚は無尽蔵ではありません。近年、魚が獲れなくなったのは、海洋汚染や気候変動のせいばかりではなく、過剰漁獲も原因のひとつといわれています。

たとえば、日本人にはお馴染みのクロマグロは、漁獲量の減少から２０１４年に絶滅危惧種に指定され、「もうマグロが食べられなくなる？」とニュースになりました。その後、漁獲枠の設定など対策を講じた結果、２０２１年にようやく準絶滅危惧種に引き下げられています。それでもまだ絶滅危惧種のままのミナミマグロをはじめ、過剰漁獲を避けなければいけない魚種はたくさんあります。

海の資源や多様性を守るために、私たちにできることのひとつは、水産エコラベルのついた魚を買うことです。

日本で使われている水産エコラベルは主に3つあります。

・MSC「海のエコラベル」

MSC（海洋管理協議会）ラベルのついた水産物は、水産資源や環境に配慮した持続可能な漁業によって漁獲されています。過剰漁獲を行なわないだけでなく、海の生態系に影響を与えることがないかなどの配慮も要件に含まれます。

・ASC認証ラベル

ASC（水産養殖管理協議会）認証ラベルは養殖された水産物に付与されるラベルです。餌のトレーサビリティ（餌の移動の把握）や養殖場周辺の環境への配慮など、さまざまな要件を満たすことで認定されます。

・MEL認証ラベル

MEL（マリン・エコラベル・ジャパン）認証ラベルも、持続可能な漁業によ

日本でよく使われる3つの水産エコラベル

・MSC「海のエコラベル」

水産資源や環境に配慮した持続可能な漁業によって漁獲されていることを表しているエコラベル

・ASC認証ラベル

ASC（水産養殖管理協議会）認証を取得した責任ある養殖管理のもと育てられたことを表すエコラベル

・MEL認証ラベル

水産資源や環境に配慮した漁業・養殖をする生産者、そのような生産者からの水産物を加工・流通している事業者を認証するエコラベル

って漁獲・養殖された水産物であることを示す日本生まれの水産エコラベルです。MELもMSCやASCと同様、国際承認を取得していて、国際社会に受け入れられている認証となっています。

これらのラベルのついた水産物を購入することで、海の資源・環境を守ることができます。

"地産地消"を心がければCO_2が削減できる

関連する目標▼❼・❽・❾・⓫・⓭・⓮・⓯

農産物をはじめとする食品は、なるべく地元で採れたものを買うようにしましょう。

地元の食材を買うことで採れたばかりの新鮮なものが手に入る、というだけでなく、環境への負荷を軽減することにもつながります。

食品が生産地から消費地まで運ばれる「総量×距離」のことを、フードマイレージと呼びます。イギリスの消費者運動家・ロンドン大学シティ校食材政策学教授ティム・ラング氏が提唱(ていしょう)して広まりました。

食品を大量に輸送すれば、燃料やエネルギーが必要になり、CO_2が排出されます。海外から輸入すれば、飛行機や船で運ぶことになるので、余計にCO_2が排出されます。

海外の農産物は、ポストハーベスト農薬〈収穫後の農産物に使う農薬〉など安全上の懸念からなるべく買わないようにしている人もいると思いますが、環境負荷の観点からも、国産のほうが望ましいといえるでしょう。

地方や郊外であれば地元産の農産物は比較的入手しやすいのですが、東京などの都市部では近郊に農家も少なく、なかなか売っているところが少ないのが現状です。

しかし、地産地消が注目されるなか、ＪＡの直売所なども増えています〈東京23区内だけでも12か所あります〈２０２２年1月現在〉〉。

また、車で出かけた際には道の駅などで地元の野菜や果物を買って帰るのも楽しいでしょう。

ただし、〝地元産〟の農産物を買うためにわざわざ遠くまで車で出かけるのは、かえってCO_2排出につながるので本末転倒です。

生産者の顔が見える商品を買う

関連する目標▼❼・⓭・⓮・⓯

近くで採れたものを買うことと重なるようですが、サプライチェーン（商品が消費者の手にわたるまでの一連の流通のこと）の短いものを買うことも、環境負荷を軽減します。

たとえば、スーパーで野菜を買って自分で調理すれば、生産者から卸売業者、小売業者という、シンプルなサプライチェーンになります。もちろん、地元で採れた野菜を生産者から直接購入して〝地産地消〟すれば、サプライチェーンはさらに短くなります。

しかし、袋入りのカット野菜を買うと、野菜のカット加工業者を経由するため、その分、サプライチェーンは長くなります。さらに、レトルト食品などの加工品にしたり、海外産の材料を使ったりすれば、サプライチェーンはもっと複雑になります。

サプライチェーンが長く、複雑になると、その分、フードロスが多くなります。フードロスは、「食べ残し」など消費の段階で出るロスだけでなく、消費者に届くよりずっと前に生産や輸送の段階で出るロスが大きなウェイトを占めているのです。

また、サプライチェーンが長くなると、パッケージゴミも増えます。食品を長距離輸送するためには、損傷を防ぎ鮮度を保つために大量のプラスチックを使用します。輸送距離が短く、また、仲介するステップが少なければ、その分、プラスチックゴミを減らすことができます。

また、サプライチェーンが短い、ということは、生産者の顔が見える商品、ということでもあります。

どんな生産者がつくっているのかがわかれば、消費者も安心ですし、生産者も消費者と近い分、責任意識が芽生えます。安心でおいしい作物をつくろう、と思うでしょう。サプライチェーンが複雑になると、最終製品に何か問題があっても、どの段階でどんな問題が生じた結果としてそうなっているのか、把握することも難しく、責任の所在も曖昧になってしまいます。

だから、食品に限らず、できるだけサプライチェーンの短い商品を選ぶ、生産者の顔が見える買い物をすることは、中間マージンを省いてよいものを安く手に入れることができるだけでなく、ＳＤＧｓの精神に則ったことでもあるのです。

「オーガニック」表示は何を意味している?

関連する目標▼⑫・⑭・⑮

少し前までは、オーガニック食品といえば、自然食を扱う小さな専門店でしか購入できない高価で特別な品、というイメージでした。しかし、最近ではスーパーの店頭でも「オーガニック」と書かれた食品をよく見かけるようになりました。

オーガニック食品を専門に扱う店も増えて、ちょっとしたコンビニよりも大きいお店もあります。

ところでこの「オーガニック」とは、そもそもどういう意味かご存じでしょうか。

オーガニックとは、日本語の「有機」と同じで、農薬や化学肥料を使用せずに育てたもの、ということを表しています。

「オーガニック」を名乗るには、種まき、または植えつけ前に最低3年以上農薬を使っていない、化学薬品や重金属が含まれない有機肥料を使用しているなど、厳しい基準が定められています。

それらをすべてクリアしていることを、認定機関によって認められなければ「オーガニック」と表示することはできません。認定を受けると、パッケージに有機JASマークを表示することができます。

有機JASマーク

農薬や化学肥料に極力頼らずに生産された食品につけられる

オーガニックの農作物は、農薬や化学肥料を使用していないので、安全性が高いといえます。最近は、体によいもの、害のないものを、という理由から、オーガニックのものを購入する人が増えています。

また、農薬や化学肥料を使用しないということは、環境にもやさしいということでもあります。たとえ法的に許容された範囲であっても、土壌（どじょう）に化学物質を散布（さんぷ）することは、自然に人為的に手を加えることになるので、何らかの影響を与えることになります。オーガニックの農産物は、環境への負荷を最小限に抑えているといえるでしょう。

一方で、オーガニックは、害虫や雑草を防除するためにたいへんな手間がかかります。さらに、従来の農業に比べて収穫量が少ないため、一般のものに比べて価格は少し高めです。

オーガニック食品には、野菜や果物だけでなく、牛肉・豚肉などの精肉類（オーガニックの飼料で育てられた畜産物）や味噌・醤油などの加工品（オーガニックな材料を使用）など、さまざまなものがあります。無理はせず、まずはできるところから始めてみましょう。

包装が過剰なファストフードは控える

関連する目標▼❸・⓮・⓯

食事は、自分で選んだ食材を、自分で調理するのがいちばんです。でも、時には家族や気の合う仲間と〝おいしいものを食べに行く〟ことも、人生の楽しみのひとつでしょう。そのときは、できるだけＳＤＧｓに配慮している飲食店

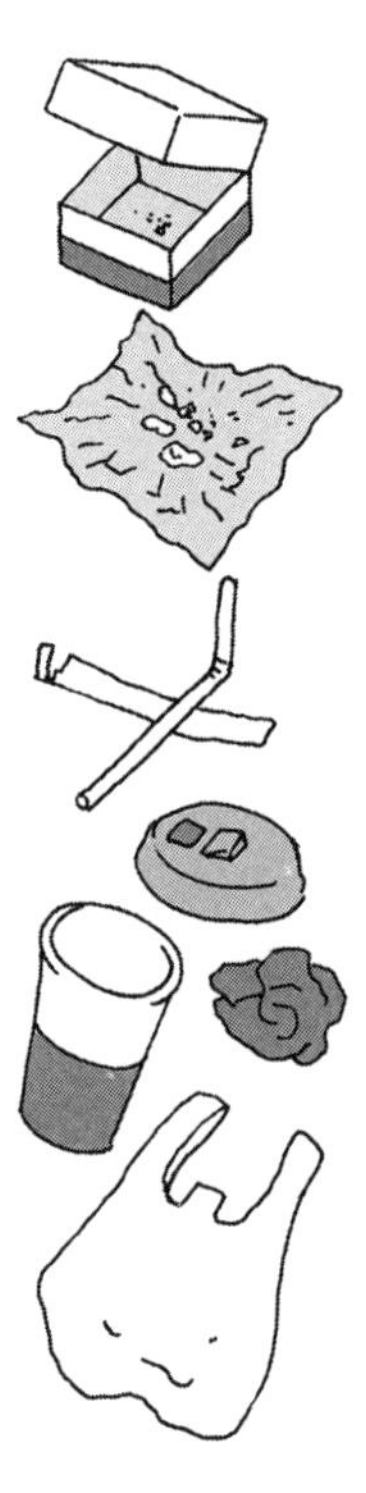
ファストフードの多くはロスを生んでいる

を選ぶようにしましょう。
オーガニックな食材を使用している、生産者から直接食材を購入している、アニマルウェルフェアに配慮した食材を使用している、あるいは、フードロスを減らすために食べ残ってしまった料理を持ち帰りさせてくれる、などなど。
SDGsに配慮した飲食店といえば、かつては、自然食レストランやオーガニックカフェなどの「素材を生かしたシンプルな料理」というのが一般的なイメージでしたが、最近は少し事情が変わってきています。
環境への配慮、フードロス削減などのさまざまな取り組みは、いまや特別なものではありません。高級なフレンチレストランでも、オーガニックな野菜を使い、皮まで余さず使い切る、動物虐待といわれるフォアグラは提供しないなど、SDGsの精神に則った方針で運営しているお店が増えています。

こうした飲食店を選ぶことは、エシカル（倫理的な、道徳的に正しい）消費、またはエシカルな外食といえます。

ファストフードの場合、大きな問題は大量に発生するゴミです。「手軽に持ち帰ることができて、どこでも食べられる」を実現する代償として、どうしても包装が過剰にならざるを得ません。これはファストフードの宿命です。

最近は、ハンバーガーを包む発泡スチロールの容器やストローなどのプラスチック製品を、紙などの可燃性素材に替えていこうという動きもありますが、たとえ紙であっても使い捨てであることに変わりはありません。

環境のこと、あるいは工業的畜産の弊害、フードマイレージなどを考えると、ファストフードはできるだけ控えるほうが、よりエシカルといえるでしょう。

ジビエ料理が、フードロス削減になる?!

関連する目標▼②・⑮

シカ肉といえば、秋から冬にかけてレストランなどで供されるジビエ料理の

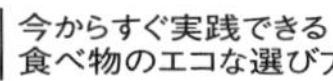

定番。イノシシ肉は、ぼたん鍋などで和食としても食されています。こうしたジビエ料理をもっと食べる、ということも、食を通してＳＤＧｓに貢献することにつながります。

現在日本では、年間約60万頭のイノシシ、64万頭のシカが、農作物を荒らす有害鳥獣（ちょうじゅう）として駆除（くじょ）されています。近年の環境の変化や農村の過疎（かそ）化などで、耕作地を荒らす野生動物は年々増えているのだそうです。

害獣駆除のために地元の猟友会（りょうゆうかい）などが捕獲したシカやイノシシのうち、約９割は埋設や焼却などの廃棄処分となります。残りの１割が、ジビエとして食用となっています。

駆除のために捕獲したものとはいえ、食用にできる肉を廃棄してしまうのは、資源を無駄にしていることに変わりありません。厳しくいえば、フードロスともいえます。

こうした野生動物の肉は、工業的畜産によって生産された食肉よりもCO_2排出に関与する度合いは少なく、総合的に見て環境にやさしいと解釈できます。

近年、こうした駆除されたシカやイノシシの肉をもっと積極的に食べようという声がレストラン業界などからも上がっています。レストランだけでなく、もっとスーパーや精肉店で気軽に手に入れることができ、家庭で気軽に調理できるようになれば、その分、資源の無駄もなくなります。

ジビエ利用がなかなか広がらない理由のひとつに、肉質が硬い、臭いなどの先入観があります。しかし、正しく処理されたシカ肉やイノシシ肉は、臭みがまったくなく、肉質も軟らかいです。

その上、牛肉に比べて低カロリーで脂質も少なく、ダイエットにも適しています。

シカ肉やイノシシ肉は、通販サイトで入手可能です。調理方法も、レシピサイトで検索できます。ちなみにクックパッドで検索すると、シカ肉料理は70件以上、イノシシ肉料理は600件以上掲載されていました。

牛肉や豚肉の代わりに、時にはジビエ料理に挑戦してみるのはいかがでしょうか。

2章 買い物を見直して食の消費をエシカルに！

保存食・加工品は買わずに手づくりにする

関連する目標▼❸・⓬

保存食や加工品は、出来合いのものを購入しないで、なるべく手づくりしましょう。そのほうが、サプライチェーンが短い分だけ、CO_2排出量が少なくなります。それに添加物を使用しないので安心ですし、たいていの場合は経済的です。

家で手づくりできるものには、たとえばこんなものがあります。

・食肉加工品

ハム／ベーコン／コンビーフ　など

・魚介加工品

干物／味噌漬け／粕漬け／塩辛／オイルサーディン　など

・調味料

味噌／豆板醤／粒マスタード／柚子胡椒　など

・植物性加工品

梅干／梅酒／梅シロップ／生姜甘酢漬け／ジンジャーシロップ／グラノーラ／ドレッシング　など

・甘味類

栗渋皮煮／マロングラッセ／ジャム／マーマレード／コンポート　など

手づくりの方法は、インターネットで検索すれば知ることができます。味噌漬けや干物にすることで保存期間を長くしたり、果物の皮を捨てずにマーマレードにしたり、熟しすぎた果物をドレッシングにしたりすることで、フードロスの削減にもつながります。

深刻な環境問題を引き起こしている植物油とは？

関連する目標▼❽・❿・⓫・⓬・⓭・⓯

いま、パーム油が深刻な環境問題を引き起こしている。そう聞いて、すぐにピンとくる人は、それほど多くはないと思います。普段私たちが「パーム油」を直接目にすることは、ほとんどありません。しかし、パーム油はいま世界でいちばん使われている植物油なのです。

たとえば、マーガリン、パン、チョコレート、ポテトチップス、アイスクリーム、インスタントラーメン、ビスケット、調理済み冷凍食品、さらに食品以外では、洗剤やシャンプー、石鹸(せっけん)、口紅などなど、こうした製品の原材料表示に「植物油脂」「植物油」と書いてあれば、パーム油のことだと思ってよいでしょう。また、コーヒーフレッシュなどに使用される「乳化剤」も、パーム油からつくられています。

このように、パーム油は私たちの身の回りのさまざまな製品に使われています。その需要は、世界の人口増加とともに年々増えています。生産量は過去20年で2倍以上。今後も生産量は増え続けることが予想されています。

それでは、このパーム油の何が問題なのでしょうか。

パーム油の原料となるアブラヤシは、その85％がインドネシアとマレーシアで生産されています。これらの地域では、熱帯雨林がアブラヤシ栽培のために開拓され、伐採されているのです。

ＷＷＦ（世界自然保護基金）によれば、1985年にはインドネシアのスマトラ島の58％を覆っていた森林は2016年には24％に減少。マレーシア、インドネシア、ブ

パンやポテトチップスに使われる油が環境問題を引き起こしている

ルネイの3国が領土をもつボルネオ島では70％（2005年）から53・9％（2015年）へと減少しています。

森林資源の減少そのこと自体も問題ですが、森林の減少は生態系にも影響を与えます。この地域の熱帯雨林は、オランウータンやアジアゾウなどの絶滅危惧動物の生息地となっていて、森林の減少により、こうした動物たちの棲む場所がなくなるだけでなく、食料を求めて連接するアブラヤシ農園に出没するようになり、害獣として駆除される事態にもなっています。

また、アブラヤシ栽培は、森林だけでなく、周辺の泥炭地にも影響を与えています。インドネシアには、約2000万ヘクタールの泥炭地が広がっています。泥炭地とは、植物が完全に分解されずにできた土が堆積している土壌のことで、大量のCO_2を蓄えています。

この泥炭地をアブラヤシ栽培のために開墾すると、この大量のCO_2が大気中に放出されることになります。東南アジアの泥炭地に貯蔵されているCO_2は、少なくとも420億トンと見積もられていて、これは、地球全体で1年間に排出される量（2018年の世界のCO_2排出量は約335億トン）よりもずっと多い数字です。

さらに、開拓による乾燥化と荒廃化で大規模な火災が頻発していることも問題です。

火災による被害はもちろんですが、火災によって放出されたCO_2は大量で、2015年に発生した大規模森林火災では、わずか3か月で16億トンの温室効果ガスが排出されたと算出されています。ちなみにこれは、日本の1年間の総排出量（2020年の日本の温室効果ガス総排出量は11億4900万トン）を上回る数字です。

このような事実から、いまやこの地域の熱帯泥炭地は、「地球の火薬庫」と呼ばれているのです。

これだけ問題が指摘されているパーム油ですが、それでは生産をやめましょう、ということには残念ながらなっていません。その理由は、他の油で代替することが難しいからです。

パーム油は、とても生産性が高い植物油です。1ヘクタール当たり生産量は約3・8トン。これは、菜種（なたね）油0・59トン、ひまわり油0・42トン、大豆油０・３６トンに比べて群を抜いています。

つまり、仮に同じ量の油を他の植物油で代替しようとすると、４～10倍の耕作地が必要となり、さらに森林破壊が進む可能性があるということです。パーム油の問題は簡単に解決できる問題ではないのです。

アブラヤシの生産、使用をいますぐゼロにすることは現実的には難しいでしょう。そんななかで、私たちにできることは、できる限り使用を控えること、そして、購入するならＲＳＰＯ認証のパーム油を使用した製品を購入することです。

ＲＳＰＯは「持続可能なパーム油のための円卓会議」という団体で、アブラヤシ栽培時の環境への配慮から労働者の人権への配慮まで、さまざまな厳しい基準を設け、これらの基準を満たしたパーム油に認証を与えています。

つまり、購入の際にＲＳＰＯ認証マークのついた製品を選ぶことは、パーム油問題の解決にわずかでも貢献することになります。

一部の通販サイトでは、「ＲＳＰＯ認証」で検索することでＲＳＰＯ認証の加工食品や洗剤類をチェックすることができます。

フェアトレード商品を買うと貢献できること

関連する目標▼❶・❷・❸・❹・❽・❾・❿・⓬・⓮・⓯・⓰

フェアトレードとは、「公正な取引、不公平のない貿易」という意味です。たとえばチョコレートの場合、原料であるカカオ豆は、赤道の周辺、北緯・南緯ともに20度以内の「カカオベルト」と呼ばれる地域で栽培されています。主な産地は、コートジボワール、ガーナなど西アフリカで、世界のカカオの約7割を生産しています。

この他、インドネシア、エクアドル、ナイジェリアなど、いずれも発展途上国で、カカオはこうした国々の外貨獲得のための主要産品となっています。

ところが、多くの場合、カカオの取引価格は国際市場価格等の流通上の事情で決まってしまい、生産者自身で決めることができません。

そのため、小規模な家族経営が中心のカカオ農家は、十分な収入が得られない状態が続いています。

十分な収入が得られなければ人を雇う余裕がなく、子供たちが労働力として駆り出されます。カカオ栽培は、収穫後も発酵、乾燥など手間ひまがかかります。そこで、カカオを大きなカゴに入れて運ぶ重労働や、ナタで実を割るような危険な労働に、子供たちが従事させられています。

　国際労働機関（ＩＬＯ）の推計によれば、世界で「児童労働」をする子供たちは１・５億人といわれています。カカオ栽培はその温床のひとつとなっています。

　こうした現状を改善するための取り組みがフェアトレードです。

　フェアトレードでは、カカオ農家から、市場価格よりも高い価格でカカオ豆を買い取ります。また長期的に取引を継続することで、安定した収入を約束します。

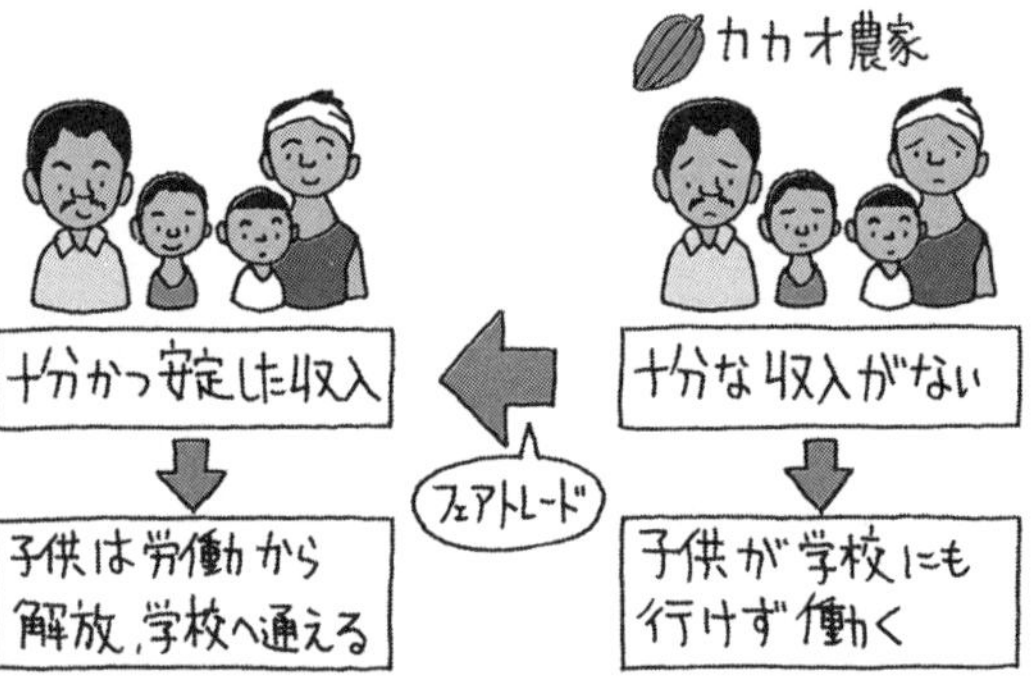

公正な金額で取引されることで、みんなが幸せに

それによって、子供たちは労働から解放され、学校に通うことができるようになります。

また、取引価格に一定の「フェアトレード・プレミアム」を加算して支払う、という取り組みも行なわれています。この「フェアトレード・プレミアム」は、生産者組合などに一時的に蓄えられ、農園のインフラ整備や学校、農園の建設など、地域の人たち全体の利益のために使われます。

こうしたフェアトレードの商品を購入することは、困窮（こんきゅう）するカカオ農家を支援し、子供たちを労働から解放することにつながります。

フェアトレード商品には、チョコレートの他にも、コーヒー、紅茶、スパイス・ハーブ、ワイン、バナナなどの果物、食品以外にもテキスタイル（布）などの工芸品や衣類などがあります。

アニマルウェルフェアに配慮した畜産品にする

関連する目標▼・

世界三大珍味のひとつ、フォアグラは、その生産方法が残酷だという理由で多くの国で規制が進んでいます。

フォアグラは、ガチョウやアヒルに強制的に餌を食べさせ、肝臓を肥大させてつくります。狭いケージのなかで動けない状態にして、無理やり口に餌を詰め込むことで、脂肪肝にしてしまうわけですから、動物虐待と批判されるのは無理もないでしょう。

主要な産地であるフランスでは「伝統的な食文化である」と言って反発する動きもありますが、フランスを除くEUやアメリカなど、世界中の多くの国や自治体で、生産を禁止したり、レストランで提供したりすることを禁止するといった措置が取られています。

フォアグラを食することはSDGsの精神に反することになります。

また、フォアグラ以外にも、生産の現場で虐待ともいえる飼育方法が行なわれているケースがいくつかあります。

たとえば、鶏卵。多くの採卵場では、バタリーケージと呼ばれる小さな檻を使用しています。「檻」といっても、ワイヤーでできた22センチ×22センチほどの箱のようなもので、このなかに入れられた鶏はほとんど身動きができません。より多くの鶏を狭い空間に効率よく詰め込むために、鶏はこの「箱」に入れられて積み上げられています。

身動きのできない鶏は、ストレスが溜まるので、隣の鶏を突くようになります。それを防ぐために、鶏のくちばしを切断するデビークと呼ばれる措置が行なわれます。

養鶏場で行なわれているこうした飼育方法は一般にはあまり知られていませんが、動物保護団体が問題にして改善を求めています。

このような飼育方法で生産された卵を食べたくないと思ったら、バタリーケージで飼育されていない平飼いの鶏の卵を選ぶようにしましょう。

日本のスーパーでも徐々に平飼いの卵が浸透してきている

一方、食用豚の飼育で問題になっているのが、妊娠ストールです。繁殖用に種付けされた親豚は、妊娠ストールと呼ばれる狭い檻のなかに1頭ずつ個別に入れられます。妊娠ストールは、豚ほぼ1頭分のサイズしかなく、歩くことはおろか、振り向くこともできません。このなかで、115日間の妊娠期間を過ごします。

この妊娠ストールも、バタリーケージ同様、劣悪な飼育環境だと批判され、EU、スイス、オーストラリア、アメリカの一部の州などではすでに禁止されています。

日本養豚協会によれば、2018年の段階で、91・6%の農園が妊娠ストールを使用していることがわかっています。しかし、食品加工大手の日本ハムグループが、2030年までに廃止を明言するなど、徐々に廃止の方向に向かっています。

しかし、いまのところ、国内産の豚肉について「妊娠ストール使用/不使用」の表示の義務はなく、妊娠ストールを使用していない豚肉を購入するには、ホームページなどで農場の対応を調べるしか方法がありません。

「商品にならない野菜」という隠れたフードロス

関連する目標▼❷・⑫・⑮

規格外野菜とは、大きさや形が、市場で決められた一定の規格に適合していない野菜のことです。

たとえば〝曲がったキュウリ〟のような規格外野菜が、出荷されずに捨てられていることは、ずいぶん以前から問題になっていました。一部で、「ワケあり品」として販売されてはいたものの、問題の根本は解決されることなく今日に至っています。

しかし、このところのフードロスへの関心の高まりと、ネット通販という新たな販売方法が普及してきたことで、規格外野菜は以前より手軽に購入できるようになっています。

通常、流通する野菜はA・B・Cの3つの等級に分類されます。等級は、大きさ、色、形、品質などで総合的に決められます。通常スーパーなどで売られているのはA級やB級が中心です。C級にも満たないものが、規格外品となります。

この規格外野菜は、店頭に並ぶことはほぼありません。形は悪くても味さえよければかまわないという消費者はたくさんいるのですが、形が揃わないと箱に詰められない、同じ定価で売りにくいなど、流通の都合で排除されてしまいます。

こうした規格外野菜の一部は、ピクルス、カット野菜、ドレッシング、野菜ジュース、スムージーなどに加工されたり、飲食店に販売されたりしますが、すべては捌き切れません。捌き切れない分は、廃棄されています。

現在、日本で廃棄されている規格外野菜は約200万〜250万トン、これは総生産量の約25〜30%を占めるといわれています。この数字は、「フードロス」にはカウントされていません。

つまり、農林水産省が発表する、日本のフードロスの数量、年間約570万トン（令和元年度）のなかには含まれていないのです。

それは、これらのほとんどが、生産の現場で、出荷される前に廃棄されるからです。ゆえに〝隠れフードロス〟といわれています。

前述したように、この規格外野菜を購入する方法はいろいろあります。ネット通販の場合は「ポケットマルシェ」「食べチョク」「unica」「フリフル」「おにおんぼうず」などのサービスや、販売者が独自でEC（電子商取引）サイトを立ち上げている場合もあります。

また、直販所や道の駅などで販売している場合もあります。

規格外野菜を購入することは、〝隠れた〟フードロスの削減につながるだけでなく、生産者を応援することにもなります。

商品を買うときは、棚の手前から取る

関連する目標▼❷・⓬

スーパーなどで買い物をするときは、棚の手前にあるもの、賞味期限が近いものから買うようにしましょう。

売れ残ったまま賞味期限を過ぎてしまうと、廃棄されてしまい、フードロスになります。また、賞味期限が過ぎていなくても、メーカーに返品され、最終的に廃棄処分になってしまうこともあります。

その理由は、「3分の1ルール」という日本ならではの商売上の慣習があるからです。

3分の1ルールとは、製造から賞味期限までの期間を3つに区切り、最初の3分の1を納入期限とし、さらに次の3分の1を販売期限とする、というものです。

たとえば、1月1日に製造して賞味期限が6か月の商品があるとします。この場合、最初の2か月、つまり2月末までに商品を小売店に納入しなければなりません。さらに、2か月後の4月末が販売期限なので、店頭に並べることができるのはここまでです。この時点で売れ残ったものは、まだ賞味期限まで2か月ありますが、前述したとおりメーカーに返品され、廃棄処分になることもあります。

つまり、まだ食べられるのに、売られずに廃棄に回される、ということもありうるのです。

小売店にしてみれば、お客が購入してから食べ切るまでの期間を考慮して、期限ギリギリのものは売らない、というのが、この「3分の1ルール」の論理ですが、それがフードロスの原因のひとつとなっていることはさまざまな形で指摘されてきました。最近では徐々に緩和されつつあるようですが、それでもまだ慣習として残っているところもあるようです。

「3分の1ルール」によってフードロスが増えるのはお店の責任ですが、買う側ができることは、なるべく賞味期限が迫っているものから購入することで返品を防ぐ、ということです。

そもそも、賞味期限を過ぎた食品は食べてはいけないのか、というと、そんなことはありません。

よく知られているように、賞味期限は消費期限とは異なります。消費期限は、せい

商品を買うときはなるべく棚の手前から、を心がけよう！

ぜい5日程度しか日持ちがしない、急激に劣化する商品を安全に食べられる期限として表示されます。

賞味期限は、この期限までならおいしく食べられる、ということを示す表示であって、期限を過ぎたからといって、すぐに食べられなくなるわけではありません。

また、表示されている賞味期限は、理化学試験や官能検査（味覚・触覚といった人の感覚を使って品質を検査する方法）をもとに算出した期限よりも短く設定されています。

どのくらい前倒しするかは、メーカーで定めた「安全係数」によります。たとえば、製造から10か月はおいしく食べられる商品に、安全係数0・8を採用すれば、10×0・8で8か月が賞味期限として表示されます。

つまり、実際には賞味期限を少しぐらい過ぎても、十分おいしく食べられるのです。最近では、賞味期限切れ商品を専門に扱うスーパーなどもあり、話題になっています。

賞味期限が迫った商品は、値引きされてワゴンにまとめられていることも多いので、こうした商品を購入する習慣は、地球にもお財布にもやさしいといえるでしょう。

プラスチックゴミを減らすための買い方とは？

関連する目標▼❻・⓬・⓭・⓮

環境省の調査によれば、家庭から出るゴミの63％は容器包装。そのうちの多くをプラスチックが占めています。

ペットボトルや食品などのトレイ、卵などのパック、カップ麺などの容器……挙げていけばきりがないほど、家庭からはさまざまなプラスチック製容器がゴミとして排出されています。

こうしたプラスチックゴミを減らすために、なるべくゴミになるプラスチック包装のものは買わないようにしましょう。

最近はスーパーなどでも、簡易包装の商品をおいているところも増えています。たとえば精肉類などは、トレイを使わずにビニール袋入りのパックをおいているところもあります。こうした商品を選べば、プラスチックゴミを減らすことができます。

また、対面販売の量り売りコーナー、あるいは、街の精肉店で買えば、同様にトレイゴミを減らせます。

もしくは、プラスチック容器の商品と、ガラス容器の商品があったら、後者を選ぶようにしましょう。

一方、菓子類などは、大手流通品は個包装のものが多く、プラスチックゴミが多く出ます。たとえば、街の焼き菓子屋さんやおせんべい屋さんのような専門店で購入するなど、買い方の工夫をすることで、プラスチックゴミを減らすことができます。

ちなみに、プラスチックもガラスやアルミニウム同様、リサイクルできます。プラスチックの包装には、たいていは「プラマーク」がついていて、このマークはリサイクル可能であることを表しています。菓子類等の個包装にも一つひとつついています。

これらのゴミは、自治体のルールに従って分別することで、リサイクル処理されます。

このプラマークは、事業者（製造者と販売者）が、包装ゴミのリサイクルのための費用をあらかじめ負担していることを表しています。プラスチックのリサイクルには、多くの費用と労力がかかります。つまりその費用は、あらかじめ商品の価格に含まれている、ともいえるのです。

ある調査によると、「プラスチック製のパッケージや使い捨て容器が『不要だ・過剰だ』と思うことがある人」は65％もいるそうです。たとえリサイクルできるとしても、不要なものに多大な労力と費用をかけることは、資源の無駄であることに変わりありません。

包装ゴミをなるべく出さないように、包装過剰の商品はなるべく買わないようにしましょう。

買い物リストをつくってからスーパーに行く

関連する目標▼❷・⓬

食材を買うときは、必要なものを必要な分だけを買う、という原則を守るようにしましょう。

スーパーの入り口付近には、まず野菜・果物の売り場があります。肉や魚の売り場は奥にあって、それから惣菜。どこのスーパーもだいたい同じような順序になっています。

その理由はいくつかありますが、ひとつは、厨房設備がたいていは店の奥にあること。精肉や鮮魚は厨房で処理してから売り場に出すので、売り場も厨房の近くにあるのが好都合です。そのため、肉・魚が奥、野菜・果物が手前、という配置になります。

そして、もうひとつ、お客の購買意欲を刺激する、という役割もあります。野菜・果物は肉や魚に比べて、カラフルで華やかです。季節感も演出できます。そのため、まず店に入ったお客が野菜や果物をカゴに入れてしまう、という行動をしてしまうのです。

しかし、この戦略にまんまと乗ってしまうと、当面必要のないものまで、安いから、旬だから、新鮮でおいしそうだから、という理由で買ってしまうことになります。気がつくと、冷蔵庫の底のほうでしなびていたということになりかねないのです。

スーパーでは必要なものだけを買う、そのためには、今日は何をつくるのか献立(こんだて)を決めておきましょう。献立が決まらない場合は、野菜売り場を素通りして、まず肉・魚売り場に直行しましょう。

そこで、主菜を何にするかが決まれば、あとは必要な野菜を買い揃えればよいということになります。

とりあえず買っておいたものは、いつ使うかわかりません。買った食材は、その日に使い切るつもりで。それが、いつも新鮮な食材を食べることにもつながります。

廃棄が迫った商品を見つけて安く買うには?

関連する目標▼❷・⓬

余った(余りそうな)食品をおいしくいただいてフードロスを減らすことでも、SDGsに貢献することができます。

それが「フードシェアリング」という方法です。

フードシェアリングとは、飲食店や販売店でフードロスになりそうな食品、生産者や食品メーカーから出る規格外で商品にならない食品などを、割引価格で購入者に紹介するサービスです。

フードシェアリングには、大きく分けてネット通販型と店舗訪問型のふたつの方法があります。

ネット通販型は、メーカーなどが正規の流通に乗せられない商品が割安で出品されています。

店舗訪問型は、あらかじめアプリなどで店舗を登録しておくと、近くの店で売れ残りになりそうな商品が表示されるので、購入を希望するとマッチングが成立し、指定された時間内に店舗に受け取りに行きます。

どちらも、通常価格よりはお得なお値段で購入することができます。

こうした商品はそのままにしておいたら廃棄になる可能性が高いので、お店側にしてみれば、たとえ安くても誰かが食べてくれれば、売り上げにもプラスになります。

購入する側としては、割安の料金で食品を手に入れることができる上に、フードロスの削減にも貢献できます。

とくにコロナ禍では、売り上げが減りがちな生産者や地元の飲食店を応援するという意味でも、フードシェアリングを利用してみてはどうでしょうか。

3章 フードロスをグンと減らすちょっとした工夫

野菜は"ベジブロス"で余すところなく使い切る！

関連する目標▼❷・⓬・⓯

フードロスを削減するために、食材は余さず使い切るようにしましょう。調理をするときに気になるのが、野菜くずです。たとえばニンジンなどの根菜やジャガイモなどのイモ類の皮は、本来食べられる部分です。皮の近くは栄養価も高いので、捨ててしまうのはもったいない。できるだけ皮ごと調理したいものです。

とはいうものの、料理によっては見た目や色・味が悪くなるため、皮を剝(む)き

ベジブロスのつくり方

①野菜の切れ端を両手いっぱい分を用意する

※キャベツ、ブロッコリー、カリフラワーなどアブラナ科の野菜は独特のニオイが出るため、気になる人は使わないこと

②大きい鍋に1300ミリリットルの水と料理酒を小さじ1杯入れ、沸騰直前までは強火で煮込み、その後、弱火で20〜30分煮込む

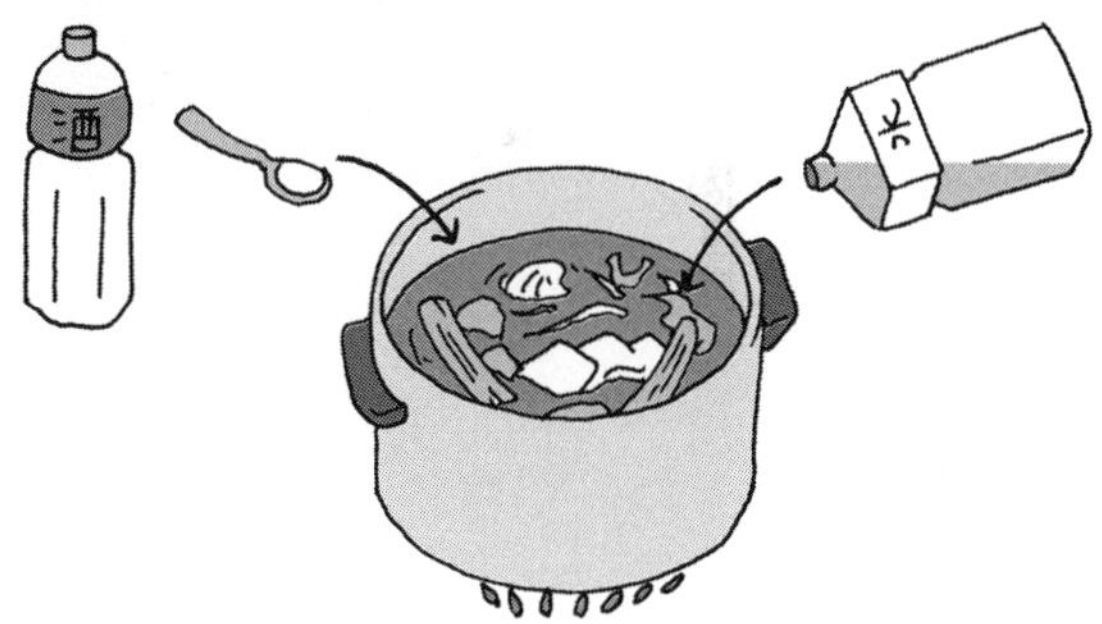

③火を止め、ボウルにざるをのせて濾(こ)せば完成！

たくなるものもあります。そんなときには、皮などの野菜くずをとっておいて「ベジブロス」をつくりましょう。

ベジブロスとは、野菜でとる出汁(だし)のこと。ニンジン、タマネギ、ジャガイモの皮、トマトやナスのへた、ネギの青い部分、ピーマンやカボチャのワタなど、たいていのものは出汁のもとになります。これを捨てずに残しておいて、水で煮込みます。毎日の料理で出た野菜の切れ端(はし)を捨てずに残しておくポイントとして、水気は拭き取り、保存袋に入れて空気を抜き、冷蔵庫に入れましょう。

野菜くずは最低でも3種類以上は入れましょう。それぞれの野菜の味が融合して、深みのある味わいになります。

自家製ベジブロスは冷蔵庫で3～4日は日持ちします。冷凍保存なら1か月は保存可能です。

ベジブロスは万能出汁です。スープや味噌(みそ)汁などの汁物に使えることはもちろんですが、煮物やおひたし、シチューなどの煮込み料理、さらには、炊き込みご飯やリゾットなどに使えば、普段とは違った深みのある味に仕上げることができます。

食材を残さず使うためのアイデア

関連する目標▼❷・⓬・⓯

厚めに剝いた大根の皮は、酢につけてピクルス。ニンジンなどの切れ端はきんぴらに、など上手に利用すれば、フードロスを減らせます。

また、余った野菜の切れ端を何でも使い切ることができる、使い切り用メニューをレパートリーに持っておくと便利です。

たとえば、野菜たっぷりのお好み焼き。お店では千切りキャベツがたっぷり入っていますが、焼いてしまうならキャベツの芯でも大丈夫。細かく刻んで入れれば、野菜の甘みが味わえます。ニンジンの皮なども、焼けばおいしくいただけます。

ナスやピーマンなどの余った野菜を集めて、冷凍ピザにトッピングしてもおいしいベジタブルピザになります。

みじん切りにしてドライカレーにしたり、ミキサーにかけてポタージュにしてしまうのがおすすめだという人もいます。

ニンジン、サツマイモ、ナス、ピーマンなどは、袋入りで買ってくると献立の都合で、ひとつずつ中途半端に余ってしまうことがありますが、こうした余り野菜は、天ぷらにしてしまうと使い切れます。

お店でいただく野菜天ぷらは、1人前で、ナスなら4分の1、ピーマンなら半分と、もともと微妙な量の食材の使い方をする料理なので、家でつくるなら、むしろ「野菜が余ったとき」のほうが向いています。

それに、ニンジン、タマネギ、ナス、サツマイモなど、家庭にいつもある基本的な食材が、おいしくいただける調理法でもあります。

週に一度は冷蔵庫の野菜室を点検して、いつもの使い切りメニューをつくる日にしましょう。

フードロスを減らせる冷蔵庫の賢い使い方

関連する目標▼❷・⓬・⓯

食材を保存する際に冷蔵庫の使い方を工夫するだけでも、フードロスの削減につながります。野菜の保存を中心に、次に挙げてみました。

・ガラス容器を使う

残り物や使いかけの食材などは、ガラス製の器に入れて保存しましょう。冷蔵庫を開けたときに、何が残っているのか中身が見えることが大切です。中身が見えない状態で冷蔵しておくと、つい忘れがちで、うっかり駄目にしてしまうことがあるからです。

食材は新鮮なうちに使い切る、つくった料理は余っても早いうちに食べ切ることで、フードロスを防ぐことができます。

・使いかけ野菜はまとめておく

少しだけ残ったニンジンや、半分に切ったタマネギなど、使いかけの野菜がいつのまにか忘れられて、野菜室の隅（すみ）で干からびてしまった、ということはないでしょうか。

残った野菜は、まとめてシリコンバッグなどの密封できる容器に入れておくと便利です。新聞紙やみつろうラップに包んでおく（127ページ参照）という方法もあります。

献立を考えるときには、まず、とっておいた使いかけ野菜を確認し、これで何をつくろうかと考えていけば、忘れられることもなく新鮮なうちに使い切ることができます。

・葉物野菜は立てて保存する

野菜は、地面に生えていたときと同じ状態で保存すると長持ちします。小松菜やホウレンソウなどの葉物野菜は、立てた状態で保存しましょう。立てた状態で野菜室に入り切らないときは、ドアポケットに移動して立てておくとよいでしょう。

・キャベツは芯をくりぬいて保存する

丸ごとのキャベツは使い切るのに時間がかかります。キャベツは、芯から水分が抜ける性質があるため、購入したらすぐにペティナイフなどで芯をくりぬいて、湿らせたティッシュやキッチンペーパーなどを詰めておくと、長く鮮度を保つことができます。

・レタスは芯に楊枝を刺す

レタスは、芯の表面2~3ミリを切り落として、そこに小麦粉か片栗粉を塗っておきます。こうすることで、水分の蒸発を防ぎ、みずみずしさをキープできます。

また、芯に3~4か所ほど楊枝を刺しておく、という方法もあります。芯の断面から、ずぶっと深くまで楊枝を刺します。レタスの成長点は中心部、つまり芯のところにあるので、ここを破壊してしまうことで成長がとまり、シャキシャキのままの状態が維持されるのだそうです。

この方法は、キャベツでも使うことができます。

・生姜は水につけて

生姜は、一度に使う量がそれほど多くない場合が多く、使い切らないうちにしなびてしまうことがあります。生姜は乾燥に弱いので、小ビンやコップの水のなかに入れて保存します。水は2~3日ごとに替えましょう。

食べられるものを廃棄していることを自覚する

関連する目標▼❷・⓬・⓯

「食品ロスダイアリー」という取り組みがあります。これは食べ残しや、未開封・未使用の商品を廃棄してしまったら、どんな食材を、どのくらいの量、どんな理由で捨てたのかを記録するのです。そうすると自然とフードロスは減っていく、というものです。

ダイエットの手法に、食べたものをすべて記録する、という「レコーディングダイエット」というものがあります。これは、記録することにより、どれだけ余分なカロリーを摂取しているのか気づかされることになり、自然とカロリー摂取量を抑制（よくせい）するようになる、という心理的効果を狙ったものです。

食品ロスダイアリーも同じです。記録してみることで、どれだけフードロスを出しているかがわかるようになります。

ある調査では、事前に「フードロスはまったく出していない」と認識していた世帯でも、記録してみたら一週間に1回近くの割合で、手つかずの食品を廃棄していたことがわかったそうです。実際にフードロスを削減する効果があったことも確認されています。

この「食品ロスダイアリー」ですが、兵庫県神戸市、大阪府堺市、京都府京都市などで、行政主導で導入されています。毎日、記録をつけるのはハードルが高いので、インセンティブ（オリジナルグッズがもらえるなど）がある、行政の取り組みに参加してみるのもよいでしょう。

もちろん、こうした取り組みに参加しなくても、自分で記録するだけでも効果があります。まず、自分（世帯）がどれくらいのフードロスを出しているのか確認するだけでも第一歩としての意味はあるでしょう。

ちなみに、家庭から出る廃棄食品を、国民1人当たりに換算すると、毎日約139グラム。お茶碗1杯分の〝まだ食べられる食べ物〟が捨てられている計算になります。そんなはずはない、と思った方は、ぜひ、食品ロスダイアリーを試してみてください。

食品の容器ゴミは水洗いしてから捨てる

関連する目標▼⑬

食品の容器をゴミとして出すときは、可燃ゴミかリサイクルかにかかわらず、水ですすいできれいな状態にして出しましょう。

可燃ゴミの場合、汚れがついていることによって燃焼効率が落ち、焼却の際のエネルギーが余計に必要になります。納豆のネバネバも水に浸けてきれいに

食品の容器は水ですすいで捨てるのがエコな行動！

してから出しましょう。

リサイクルの場合も、汚れがついたままでは再生できないので、施設で洗浄することになり、余計な負担がかかります。また、再生可能な資源ゴミに、油の付着した紙容器など汚れたものが混ざっていると、周囲のゴミもすべてまとめて再生不可になってしまう場合があります。

そうなると、本来ならリサイクルできるはずの資源が、大量に焼却処分されることになり、資源が無駄になってしまいます。

ゴミを水洗いしてから捨てるのは水資源の浪費(ろうひ)ではないか、と思う人がいるかもしれませんが、リサイクル施設での洗浄や、燃焼効率の低下のほうが、より環境負荷が大きいという計算結果があります。

食品の容器ゴミはできる限り水ですすいできれいにすること。そして、行政のルールに従って分別することが、環境に負荷をかけないための基本です。

生ゴミを捨てるときに注意したいこと

関連する目標▼⑬

家庭から出るゴミの80％は水分といわれています。生ゴミは、可燃ゴミとして焼却処分されるので、水分が多く含まれていると燃えにくい、つまり燃焼効率が悪くなり、焼却に余計なエネルギーを消費することになります。

生ゴミを出すときには、しっかり水分を絞って出すようにしましょう。

また、最初からシンク内の三角コーナーやディスポーザーをゴミ捨てに使わない、という方法もあります。果物を剝くときは、皮を三角コーナーに捨てずにそのままゴミ箱に捨てる、野菜や果物のゴミは、ざるにあげて乾かしておく、お茶殻(ちゃがら)やティーバッグも水分を吸わないように別にしておく、という工夫をすれば、生ゴミの乾燥化と焼却施設の負担軽減に貢献できます。

"コンポスト"で家庭の生ゴミをゼロに！

関連する目標▼❾・⓬・⓯

生ゴミを捨てずに、堆肥(たいひ)として再利用するという方法が注目されています。堆肥のことを「コンポスト」といい、生ゴミを集めて堆肥化させることを「コンポスト化」、そのための容器を「コンポスター」といいます。「堆肥をつくること」そのものを「コンポスト」という場合もあります。

自然界では、落ち葉や動物の死骸(しがい)は焼却処分されることなく放置されます。これを土のなかにいる微生物が分解して、土に還します。骨などの硬い部分は時間がかかりますが、最終的には何年もかけて、土に還ります。

自然界の生物は、人間のようにプラスチックゴミを出さないので、このような資源の循環システムが可能なのです。

この循環システムを、人の手でサポートして行なおう、というのがコンポストです。これはまた、昔から人間が農業に利用してきた自然との共存の仕方、利用の仕方でもあります。

生ゴミを捨てずに堆肥として利用することで、焼却するゴミの量を減らすことができます。そもそも生ゴミの80％は水分ですから、コンポストにすることでゴミの量そのものを大幅に減らすことができます。微生物が分解することで、さらに減ります。

残ったものはゴミではなく、堆肥なので、庭や植木に利用すれば、植物の栄養になります。農業の場合は、収穫をもたらしてくれます。

つまり、理論的には家庭から出る生ゴミを永久にゼロにできる、ゼロ・ウェイストに近づくということ。それがいま、コンポストが注目されている理由でもあります。

コンポストを始めるには、まず、ゴミを入れる容器コンポスターを用意する必要があります。ホームセンターや通販で手頃なものが入手できます。

専用のコンポスターがなくてもダンボール等があればできます。

この容器に生ゴミと土を入れてときどきかき回す、基本的にはそれだけです。

実際には、密封して悪臭を防ぎ、嫌気性（けんきせい）の微生物を利用するものや、底に穴があいていて土中の微生物を利用するものなど、いくつかの種類があるので、予算や目的を考えて環境にあったものを選ぶようにしましょう。
コンポストを始めるなら自治体の補助金制度がある場合があるので、調べてみるとよいでしょう。

備蓄食品をフードロスにしないためのコツ

関連する目標▼❷・⓬

災害時のために非常用食料を備蓄(びちく)している人は多いと思います。備蓄を前提とした食品は賞味期限が長いものが多いですが、それでもうっかりしていると期限切れから大幅に経過して、廃棄処分にせざるを得ないことも……。これもフードロスの一例です。

備蓄の食料品は、定期的に消費して入れ替える「ローリングストック」を実践しましょう。

ポイントは、カンパンなどの非常食ではなく、普段食べているもの、普段の食卓で食べてもいいものを備蓄しておくこと。たとえば、レトルトのカレーやツナ缶などを多めに買っておいて、一部を備蓄用にとっておく。あるいは、カップ麺やパックご飯などをローリングストック用として購入しておく。備えておく量は、1人当たり3〜4日分を目安にしましょう。

これを、ずっと備蓄したままにしておかずに、たとえば半年に一度と日を決めて、備蓄品を食べる日にします。その際は、もちろん賞味期限を確認して、古いものから使うようにします。そして新しいものを買い足します。

こうすれば、うっかり賞味期限を過ぎてしまってフードロスになることを防げますし、万一のときにも、いつも食べ慣れているものを食べることができて安心感があるはずです。

余った食材を持ち寄ってパーティーを開く

関連する目標▼❷・⓬・⓮・⓯

たこ焼きに入れる具をみんなで持ち寄って楽しむ「タコパ」が盛り上がって話題になりましたが、SDGsには「サルパ」がおすすめです。

「サルパ＝サルベージパーティ」とは、一般社団法人フードサルベージ代表の平井巧(さとし)氏が考案した、余った食材を使い切るパーティーです。各自、家で余っている食材や食料棚の奥に眠っている食材を持ち寄って、その場で即興の料理をつくって楽しむというもの。

たとえば、使い切らなかった野菜や、いつか使おうと思って買っておいた缶詰、友人からお土産にもらった加工食品など、何となく〝このままだと廃棄になりそう〟な食材を、みんなで持ち寄って、「この食材とこの食材を合わせてみよう」などとその場でワイワイやりながら、新しい料理を考えていきます。つまり、食材をサルベージ（救済）するパーティーです。

サルパのよいところは、余った食材を使い切ることができる、というだけではありません。

まず、レシピにとらわれずに発想する練習になります。もちろんレシピ通りにつくることは大切ですが、レシピに忠実にしようとするあまり、普段使わないような食材を買い足したりして、余らせてしまったりすることがよくありますす。レシピ通りでなくても何とかできる、と考えれば、いまある食材で代用するなどの方法を考えるので、その結果、フードロスの削減につながります。

また、何となく自分では手をつけなかった食材の、新しい魅力を発見して、レパートリーの幅が広がる、ということもあるかもしれません。

また、サルパをすること自体、集まった食材を前にして、何でこの食材が余ってしまっているのだろうと考えて、気づきが生まれる機会になるということもあります。

最近はコロナ禍なので、大人数が集まるパーティーではなく、少人数の気心の知れた友達同士の集まりでもよいでしょう。

あるいは、あえて人を呼ばなくても「家族サルパ」「ひとりサルパ」でもいいかもしれません。余っている食材を並べてみて、さあ、これで何がつくれるか、頭を白紙にして発想してみる。同時に、余った食材を見れば、次に買い物に行くときに、何を買い控えるべきか考える機会になるはずです。

余っている食材は寄付できる！

関連する目標▼❷・❸・⓬・⓮・⓯

余りそうな食材を慈善(じぜん)団体やフードバンクに寄付することをフードドライブといいます。ドライブには「運転する」以外に、「物事を推進する、活発にする」という意味があり、募金や選挙などの組織的な活動・運動も「ドライブ」といいます。

欧米では、食べ物を寄付する「フードドライブ」の他にも、本を寄付する「ブックドライブ」、洋服を寄付する「クロージングドライブ」、不要になったおもちゃを寄付する「トイドライブ」などの活動も盛んです。

ちなみに、「フードバンク」は聞いたことがあるが「フードドライブ」はあまり聞かない、という人も多いと思います。

一方「フードバンク」とは、企業や農家から余った食材などを寄贈（きぞう）してもらい、食べ物を必要とする施設などに届ける活動をしている団体をいいます。

「フードドライブ」とは、食べ物を寄付する行為、活動そのものをいいます。その寄付する先がフードバンクであることもあります。

では、実際にフードドライブするにはどうしたらいいでしょうか。

たとえば自治体が主催するイベントなどで、フードドライブのための食品回収箱を設置している場合もあります。お住まいの自治体のホームページをチェックしてみましょう。

余った食品を寄付して、フードロス削減につなげよう!

また大手スーパーなどで、フードドライブに積極的に取り組むところも増えていて、店頭にフードドライブ用のコーナーがある店舗もあります。また、フィットネスクラブのように食品とはあまり関係のない企業でも、フードドライブに積極的に取り組んでいる企業もあります。

また、フードバンクが中心となって、協力する店舗や施設に「フードバンクポスト」を設置している場合もあります。こうした街角にあるフードバンクポストなら、少量でも気軽に寄付することができます。

このような回収箱で集められた食品は、フードバンクなどの団体を通して、児童福祉施設、子ども食堂、生活困窮者などに寄付されます。

フードバンクで喜ばれるものは、米やパスタなどの主食類、砂糖・塩・油などの調味料、レトルト食品、缶詰などです。

賞味期限が近いもの、生鮮食品、瓶詰(びんづめ)商品などは、寄付できない場合があるので要注意です。

もちろん、余った食材だけでなく、新たに購入した食品を寄付してもよいでしょう。

ちなみに、コロナ禍でアメリカに登場した「フレンドリー・フリッジ（親切な冷蔵庫）」という取り組みもフードバンクポストと似ていますが、少し仕組みが異なります。

ニューヨークでは、コロナ禍で職を失い食べるものを手に入れられない人が増えて社会問題になっていました。

そこで、始まったのが「フレンドリー・フリッジ」運動です。参加したい人は冷蔵庫を協力してくれる店舗の店頭に設置します。店が自ら冷蔵庫をおく場合もあります。電気代は店が負担することになります。

寄付したい人は、この冷蔵庫に立ち寄って食料品をおいていけばよいのです。フードバンクポストと違って、野菜や肉などの生鮮食品でもよいですし、サラダやピザなどの加工済みの食品でもよいのです。

自宅から余った食料をもってきて入れる人もいるし、設置してある店で食品を購入して店頭にある冷蔵庫に〝寄付〟する人もいます。また、近所のパン屋や惣菜店などが、売れ残ったものを入れていくこともあります。

こうした集まった食料品は、食料が必要な人は誰でも、自由にもっていくことができます。コロナ禍で食料品を買うお金がない人や、ひとり暮らしの高齢者など、さまざまな人が立ち寄っては冷蔵庫をのぞいていきます。

同じ取り組みが日本でもうまく機能するかどうかはわかりませんが、フードをドライブ（寄付）する精神は世界共通ではないでしょうか。

4章 環境にも人にもやさしいファッションの楽しみ方とは

服を1シーズンで捨てていませんか？

関連する目標▼❽・❾・⓬・⓯

一度も着られなかった新品の服や、まだ着ることのできる服が捨てられてゴミになることを、「ファッションロス」といいます。全世界では毎年1000億点のファッションアイテムが生産され、そのうち約60％は1年以内に捨てられているそうです。2018年には、高級ブランド「バーバリー」が、ブランドイメージを守るために売れ残った商品42億円相当を焼却処分したことが発覚し、批判を浴びました。

このような在庫処分をしているブランドはバーバリーだけではありませんでしたが、バーバリーはその後、今後は売れ残り商品の焼却をしないと発表しました。

ファッションロスには、メーカーから直接廃棄されるものだけでなく、消費者から出される衣服ゴミも含まれます。日本で、家庭から出るファッションロスは、年間約48万トンといわれています。また、環境省によれば、日本人が1年間に購入する服は平均18枚で、手放す服は12枚。また、1年に1回も着られていない服が1人平均25枚あるというのです。

このような衣服の消費サイクルは、年々急速に早まっています。その原因は、ファストファッションという新しいビジネスモデルの登場と、SNSです。

ファストファッションの商品は、低価格で手軽に買うことができます。アイテム数やカラーバリエーションが豊富に揃っているので、1人当たりの購入点数も多くなりがちです。低コストで生産した商品を、低価格で大量に販売し、消費者は大量に購入して、1シーズンで廃棄する、という消費パターンが定着してしまいました。

それに拍車をかけているのが、ＳＮＳです。ＳＮＳの普及で消費者は流行に敏感になり、かつ、流行のサイクルが短くなっています。ＳＮＳで火がついたアイテムは大量に売れ、流行遅れになると捨てられます。こうして、衣服ゴミは年々増え続けます。

また、ファッションロスの問題は、ゴミ問題だけではありません。

安価な製品を大量に生産するために、生産の現場では非人道的な環境で、労働搾取が行なわれているという現実があります。この問題は２０１３年の「ラナプラザの悲劇」で世界の注目を集めることになりました。

バングラデシュの８階建てのビルが崩壊し、死者１１３０名、負傷者２５０名以上の大惨事となりました。このビルでは、多くの有名ブランド製品の縫製が行なわれていて、多くの労働者が低賃金で働かされていました。崩壊当時、老朽化したビルには亀裂が発見され危険な状態であるのはわかっていたにもかかわらず、操業は続けられ強制的に労働させられていたのです。

ファストファッションに限らず多くのハイファッションブランドまでが、末端ではこうした安価な労働力に支えられているのが現状です。

さらにいえば、ファッション業界は環境負荷が大きな産業です。国連貿易開発会議（ＵＮＣＴＡＤ）によれば、ファッション産業は「世界2位の環境汚染産業」だといいます。洋服1枚を生産するために浴槽（よくそう）11杯分の水を必要とします。年間の合計では、５００万人分の飲料水に相当するといいます。

また、化学薬品の使用量も多く、世界で生産される化学薬品の約4分の1を使用し、「産業による水質汚染」の20％に責任があるとされています。

このように、ＳＤＧｓの観点からいろいろと問題のある現代のファッション産業ですが、服をつくったり、売ったり、着たりすること自体が、環境や人に悪影響を及ぼすわけではありません。

ただし、ファストファッションに代表されるような、大量生産・大量消費、流行の消費というスタイルは、ＳＤＧｓの観点から好ましくないといえるでしょう。

いま、「#30wears」という取り組みがＳＮＳなどで発信されています。

#30wearsとは、服を買ったら少なくとも30回は着ましょう、という取り組みです。つまり、購入するときに、30回は着られるものかどうかを吟味（ぎんみ）して選びましょうという提案なのです。

30回着られる服であるためには、まず、耐久性にすぐれたものでなければなりません。型くずれしにくいしっかりした素材、糸のほつれていないしっかりした縫製のものを選ぶようにしましょう。

また、シーズンものならば、1シーズンに着られる回数は限られます。たとえば3か月の間、週に1回着るとしたら、1年に12回。ということは、少なくとも3年にわたって着られるものを、ということになります。今年しか着られない、来年には流行遅れといわれそうな服は避けるべきでしょう。

というように、洋服を衝動買いする前に、まず、30回着られるかどうか考えてみる、ということを習慣にしましょう。

30回無理なく着られるものなら、多少高価でも、贅沢(ぜいたく)な買い物ではないはずです。

服から出るマイクロプラスチックを抑えるには？

関連する目標▼❻・⓬・⓭・⓮

服を買うときは、できるだけ天然素材を選びましょう。化学繊維はマイクロプラスチックを海に流出させる危険があります。

２０２１年にカナダの研究チームが公表した調査結果によれば、北極海の海水にはマイクロプラスチックが大量に存在していて、その約９割がポリエステルなどの化学繊維由来とのこと。

「家庭で衣類を洗濯した際の排水が、海の汚染につながっている可能性がある」と警告しています。

また、イギリスの研究チームが、アクリル、ポリエステル、コットン－ポリエステル混合の３種の服を家庭用の洗濯機で洗って排水を調べたところ、もっともマイクロプラスチックのファイバーが多かったのがアクリルで、１回の洗濯で約73万本の化学繊維を放出していたそうです。

これは、コットン－ポリエステル混合の約５倍、ポリエステルの１・５倍に相当します。

海をマイクロプラスチックで汚したくないなら、化学繊維は避けて、天然素材を着るのがいちばんです。

とはいうものの、いまある化学繊維をぜんぶ捨ててしまうわけにもいかない

服をまとめて洗濯すれば、マイクロプラスチックの流出を抑えられる

でしょう。そんなときは洗濯の仕方を工夫しましょう。

少量ずつではなく、まとめて洗濯することで、マイクロプラスチックの流出量を抑えることができます。洗濯物が多いほうが、衣服同士の摩擦が抑えられ、洗う時間を短くしたほうが、水も多く使わずにすむため、節約できます。結果としてマイクロプラスチックも抑えられるのです。

また、マイクロプラスチックを流出させない目の細かい洗濯バッグ「グッピーフレンド」や、衣類と一緒に入れるとマイクロプラスチックファイバーを絡め取ってくれる「コーラボール」などの商品も役に立つかもしれません。

コットンはオーガニックのものを

関連する目標▼❻・❽・⓬・⓭・⓮・⓯

コットン、ウール、麻などの天然素材は、洗濯の際にマイクロプラスチックを放出しないだけでなく、寿命が終われば生分解されて土に還ります。

ただし、天然素材にもいくつかのマイナス面があります。

たとえば、コットンの原材料となる綿花の栽培は、環境に負荷を与えている場合があります。

世界の畑のなかで綿花の占める割合は2〜3％ですが、殺虫剤、除草剤、枯葉剤などの農薬は世界の使用量の6・8％だそうです。発芽効率を上げるための化学肥料、防カビ剤、除草剤、殺虫剤などが大量に散布され、土壌や地下水の汚染の原因のひとつになっています。

また、病害虫に強いとされる遺伝子組み換え種子が使われることもあります。収穫の際に、効率をよくするために枯葉剤をまいて葉を枯らすことも行なわれています。枯葉剤は周囲の環境にも影響を与えます。

こうした問題を避けるために、衣服やタオルなどのコットン製品を選ぶときは、オーガニックコットンを選ぶようにしましょう。

オーガニックコットンは、農薬や化学肥料を3年以上使用していない土壌で栽培するなどの基準を満たしていることを、第三者機関に認証されたコットンのことをいいます。認証の基準のなかには、環境への配慮だけでなく、児童を不当に働かせていないかなど人権に配慮する項目もあります。

日本オーガニックコットン協会によれば、オーガニックコットンと普通のコットンとの品質の違いはないとのことです。普通に栽培されたコットンも、残留農薬は少ないため、「収穫されたものから科学的なテストなどでオーガニックかどうか判別することは不可能」なのだそうです。

しかし、オーガニックコットンはやっぱり手触りが違う、という人もいます。これは、普通のコットンは前述したように枯葉剤を使用して一気にまとめて収穫するのに対し、オーガニックコットンは綿花が十分に育った状態を見極めて収穫すること、糸から生地にする工程で化学処理を極力行なわないこと、などが要因だといわれています。

普通のコットンに比べて、値段は少し高めですが、オーガニックコットンを使用することは、地球環境にやさしいだけでなく、サステナブルな方法で綿花を栽培する生産者を経済的に支援することにもつながります。

ジーンズが環境汚染の原因になっていた?!

関連する目標▼❻・⓬・⓭・⓮

ナチュラルなイメージのあるジーンズですが、環境汚染とは無縁ではありません。2010年に環境保護団体グリーンピースが、世界的なジーンズの生産地である中国広東省(かんとんしょう)を調査して、衝撃的なレポートを発表しています。

ジーンズを生産する工場近く9か所で、川の水と川底の泥を調べたところ、計21点のサンプルのうち17点から、5種類の重金属(カドミウム、クロム、水銀、鉛、銅)が検出されたとのことです。

なかにはカドミウム含有量(がんゆうりょう)が許容値の128倍もある泥や、pH値12の強いアルカリ性を示した水のサンプルがあったそうです。

ジーンズは、染色や洗い加工の工程で大量の水を消費します。このときに出る排水には、化学的な染料や漂白剤が含まれていて、そのまま垂れ流せば重大な環境汚染の原因になります。

また、ジーンズをビンテージのような風合いに見せるエイジング加工にも過マンガン酸カリウムなどの薬品を使用することがあります。

グリーンピースの告発以降、いくつかの技術革新もあり、ジーンズの生産は以前に比べるとずっと環境に配慮したものになりました。

たとえば、以前はストーンウォッシュ加工の際に天然の軽石（かるいし）を使う方法が一般的でしたが、加工の際に粉状のゴミが出るため、大量の洗浄水が必要になります。この軽石を、すり減らない人工石に変えることで、洗浄回数を抑えることができます。

またウォッシュ加工の際に、脱色剤を使わずオゾンを噴き付けることで、水を使わずに脱色ができます。しかも、オゾンは自然分解して酸素に還るため、有害な成分を水や大気中に放出することはありません。

ジーンズを購入する際は、どのような方法で生産されているのか、ブランドのホームページなどで調べて、環境に配慮した製品を選ぶようにしましょう。

もちろん、新品を購入するよりも、ビンテージのほうが、環境へのダメージが少ないのはいうまでもありません。

羽毛の倫理的な調達を証明する「RDS認証」

関連する目標▼⑫・⑮

RDSとは「Responsible Down Standard（責任あるダウン水準）」を表す国際基準です。ガチョウやアヒルの羽毛であるダウンは、保温性が高いことからアウトドアウェアなどに使用されてきました。

これらは、本来、食用にする鳥から取られるもので賄われてきましたが、2010年代になって、生きたまま羽毛をむしり取られたり、強制給餌されたフォアグラ用のガチョウから取られたりしたものがあることが明らかになり、問題になりました。

こうした問題を受けて、2014年にスタートしたRDS認証制度とは、ダウンやフェザーを採取する際に、水鳥が生きている状態でむしり取られていないか、強制的に餌づけされていないか、だけでなく、サプライチェーン全体でアニマルウェルフェア（動物福祉）が尊重されているか、などを総合的に監査して認定されます。

ダウン製品を購入する際は、ＲＤＳ認証を受けたものであるかどうかを、ブランドのホームページや製品に付されたＲＤＳ認証マークで確認しましょう。

リメイクをして、自分らしいファッションを楽しむ

関連する目標▼⑫・⑬・⑮

服は、長く着られるようにていねいにケアしましょう。不適切な洗い方で生地が傷(いた)んだり、汚れを放置することでシミや黄ばみができてしまったり、扱い方で服の寿命は変わってきます。正しい洗濯方法で汚れをしっかり落とせば、シミや黄ばみを防ぐことができ、お気に入りの服を少しでも長く着続けることができます。

また、もしも汚れがついてしまったり、穴があいてしまったりしても、修繕(しゅうぜん)すれば大丈夫です。

ブランドによっては修繕を受けつけてくれるところもありますが、最近は、

洋服をお直ししてくれるサービスも増えています。汚れやほつれだけでなく、流行遅れで着づらくなった服も、いまの流行に合ったデザインに仕立て直してくれたりするので、相談してみましょう。

ミシンがあれば、自分で修繕することもできます。いま、注目されている「Mend It Mine」というムーブメントは、汚れてしまったり、穴があいてしまったりした服を、自由な発想でリメイクすることで、自分らしいファッションを楽しもうというもの。ハッシュタグ「#MendItMine」を使って、SNSでさまざまなアイデアを共有しています。

「Mend It Mine」では、刺繍（ししゅう）やアップリケで汚れや穴を隠すだけでなく、フェルトなどの別素材を使って新たな装飾をしたりと、服を修繕することをクリエイティブなものと捉え直し、「メンディング」と名づけています。

〝服を楽しむ〟のなかには、好きなブランドの服を買い集めることだけではなく、気に入った服を長く着続けること、時には、自分で手を加えて、他のどこにもない自分らしさを表現すること、そして何より、服を大事にすることも含まれているのではないでしょうか。

不用品の価値を高める「アップサイクル」

関連する目標▼❾・⓬・⓯

アップサイクルは、ファッション以外でも最近よく耳にする言葉になりつつあります。

その意味は、使われなくなった服、家具、廃材などを、より価値の高いものに生まれ変わらせることです。

リサイクルとどう違うのか、と思う人もいると思いますが、リサイクルは、廃棄処分を回避して寿命を延ばすことに重きをおいているので、加工前よりも品質や価値が落ちてしまうこともあります。それでも、環境にいいから、という理由で、リサイクル品が使われることも多かったのですが、持続可能であるためには、環境にいいから品質が落ちても我慢しよう、ではダメです。

再生することで、より価値を高めればそれが使い続ける理由になる、というのが、アップサイクルの発想です。

ファッション業界でも、ファッションロスが問題視され始めてから、廃棄を減らそうという機運が高まるなか、不要になった衣料品、古着、デッドストックなどをアップサイクルして製品化するブランドがいくつも登場しています。

このような、アップサイクルした服を着ることも、資源の無駄遣いをなくし、CO_2排出削減に貢献することにつながります。

たとえば、あるブランドは、商品サンプルなど、そのままでは販売できない服を、古着と組み合わせて新たな製品に生まれ変わらせています。

また、あるブランドは、ほつれなどがある服をつなぎ合わせたり、パッチワークにすることによって新しい服に仕立て直しています。

古着やビンテージの素材とデッドストックのみを使ってコレクションを展開するブランドや、着られなくなった着物の生地を生かして洋服や小物に生まれ変わらせるブランドもあります。

アップサイクルの魅力は、環境にいいというだけでなく、メンディング同様、そのほとんどが一点物ということ。「アップサイクル」で検索して、自分らしい〝一点〟を探してみてはどうでしょうか。

5章 日々の習慣を変えて持続可能な暮らしへ

要らないものを出さないための心がまえ

関連する目標▼❼・⓬・⓭・⓱

家庭から〝不用品〟を出さないための大前提は、まず不要にしないことです。つまり、いまもっているモノをなるべく長く使い続けて、捨てる機会を少なくしましょう。

たとえば、家電製品は年々進化しています。省エネ性能も上がっています。冷蔵庫やエアコンを最新のものに買い替えると、消費電力もCO_2排出もぐっと少なくすることができるでしょう。量販店の店員さんの「〇年使えばモトがと

いまあるものを長く使うことが、エシカル消費の大前提！

れます」というセールストークを聞いて、いま買い替えたほうが地球環境のためにいいかも、と思うかもしれません。

でも、その計算には、製品を製造するときに消費するエネルギーや排出するCO_2、古い製品をリサイクルしたり、廃棄したりする工程で発生しているCO_2は含まれていません。

総合的に考えれば、よほど省エネ性能に差がない限り、いま使っている製品を壊れて使えなくなるまで使うほうが、トータルのCO_2は少なくなる可能性が高いのです。

家電以外も同様です。たとえば、環境によくない化学繊維を含む服をもっていても、ボロボロになるまで着るのが、いちばん環境にやさしい選択です。

環境によくない、という理由で、あまり着なくなって捨ててしまうことになると、結局はゴミを増やすことになります。

新しく買うものは、サステナブルでエシカルなものを選ぶ、それと同時に、いまあるものに関しては大切に使うということも、サステナブルでエシカルな消費の仕方です。

もしも、まだ使えるものが、生活スタイルが変わった、家族構成が変わったなどの理由で要らなくなったら、捨てることを考える前に、フリマアプリに出品したり、友人知人に譲ったりすることをファーストチョイスにしましょう。そうすれば、モノはゴミにならずにすみ、世の中からゴミを減らせます。

それが習慣になれば、モノを手に入れるときも、まず買いに行く前に、古着や中古品、ビンテージを探したり、友人知人から譲ってもらったりすることを考えるようになるはずです。

それは、ＳＤＧｓの目標⑰「パートナーシップで目標を達成しよう」のもっともミニマムな形ともいえるのではないでしょうか。

食品用ラップをみつろう製にする

関連する目標▼❾・⓫・⓬・⓭

食品用ラップは、リサイクルが難しいプラスチックゴミのひとつです。柔らかく伸縮性があるのでリサイクル設備の機械を詰まらせてしまう可能性がある、また、汚れがついていると処理にコストがかかる、という理由で、通常は分別回収されません。一般ゴミといっしょに焼却処分されます。しかし、焼却時に毒性の高いダイオキシンを放出している可能性があります。

食品を保存する場合は、食品用ラップの代わりにフタつきの容器を使いましょう。

密閉性の高い容器としては、プラスチック性のタッパーウェアが一般的ですが、繰り返し使ってもいずれはゴミになることを考えると、ガラスなどの天然素材がおすすめです。

厳密なことをいうと、ガラス製の容器でも密封性を高めるために、本体とフタが接する部分のパッキンにプラスチック素材が使われていることがあります。プラスチックフリーを徹底するなら、パッキンに天然ゴムが使用されているものを選びましょう。

最近、ジップロックの代わりに使われるようになった、シリコンバッグも合成素材ですが、じつはサステナブルです。

主成分はケイ素（シリコン）で、岩や砂のなかに酸素と結合した形で存在しています。石油を原料とするプラスチックと違って、燃やしてもCO_2をほとんど排出しません。しかも、使い捨てではなく、洗浄して繰り返し使えるので、ゴミにならない、というメリットもあります。

また、天然素材で食品用ラップの代わりになるものに、「みつろうラップ」があります。

みつろうとは、ミツバチの六角形の巣をつくっているろうのこと。このろうを、布に染み込ませたものがみつろうラップです。

精製したみつろうが市販されているので、自分でつくることもできますし、みつろうラップとして製品化したものも市販されています。

みつろうラップには、プラスチック製のラップにはないメリットがあります。

まず、プラスチックゴミが出ないのはもちろんですが、すべて天然成分なので食品に触れても安心です。また、使い捨てでなく、何度も洗って使えます。さらに、プラスチック製のラップと違って、適度な通気性と保湿性があるので、野菜なども長持ちさせてくれます。

一方、デメリットもあります。ひとつは、みつろうは溶けやすいので、電子レンジには使えません。お湯や洗浄力が強い洗剤でも、同様に溶け出してしまいます。また、熱湯消毒ができないことから、肉や魚、油が多いものにも使わないほうがよいでしょう。さらに、柑橘(かんきつ)系果物などの酸も、みつろうを溶かしてしまう可能性があります。

また、冷凍で使用すると劣化(れっか)が早まるため、冷凍保存での使用はあまりおすすめできません。

というように、プラスチック製ラップとまったく同じように使うというわけにはいきませんが、みつろうならではのメリットもあります。たとえばカラフルな色づかいや柄を生かして、お弁当のサンドウィッチのラップなどに使ってみてはいかがでしょうか。

ハンドソープをやめて、固形石鹸を使う

関連する目標▼⑫・⑬

ハンドソープ、食器用洗剤、ボディソープ、ヘアケア製品……これらの液体洗剤の容器にはプラスチックが使用されています。日本石鹸洗剤工業会によれば、これらの製品のプラスチック使用量は年間で約86万4000トン（2020年）にも上るとのこと。これらを固形の石鹸に替えることで、プラスチックゴミを減らすことに貢献できます。

固形石鹸が液体洗剤に比べて環境にやさしい理由は他にもあります。製造段階で消費するエネルギーは液体洗剤の5分の1、輸送の際に排出される温室効果ガスも15分の1です。

また、環境に配慮した製品は、大量に出回っている工業製品よりも値段が高い、というのが一般的なイメージですが、これは石鹸に関しては当てはまりません。水分が多い液体石鹸に比べて、固形石鹸は洗浄成分が凝縮（ぎょうしゅく）されているため、むしろコスパが高いといえます。

石油由来成分からできた合成洗剤をやめて、天然由来成分を主原料とする固形石鹸にすれば、環境への負荷削減に貢献できます。

話は少しややこしくなりますが、じつは石鹸＝個体、合成洗剤＝液体、というわけではありません。

石鹸は、牛脂、パーム油、米ぬか油などの天然油脂・脂肪酸からつくられたもの、合成洗剤は石油や天然油脂からつくられたもの、と定義されています。

ということは、液体状の石鹸もあるのです。

枯渇性資源（石油由来成分）を使わないという意味では「石鹸」を、プラスチックゴミを出さないという意味では「固形」を選ぶのが、SDGs的な選択といえます。

さらに付け加えるなら、固形石鹸でも、包装にプラスチックを使用していないもの、原材料にパーム油を使用していないものを選びましょう。

ところで、コロナ禍で、手洗いはより重要な生活習慣のひとつになりました。ウイルスに対する洗浄力という意味では、固形石鹸はどうなのでしょうか。

２０１９年に広島大学大学院、北九州市立大学、シャボン玉石けん（北九州市）の研究者チームが発表した研究成果によれば、液体ハンドソープの主成分である合成系界面活性剤に比べて、自然素材無添加石鹼の界面活性剤のインフルエンザウイルス破壊能力は100〜1000倍も大きいそうです。

ただし気をつけなければいけないは、前に使った人のウイルスが石鹼の表面に残る可能性がある、ということ。不特定多数の人が使う公共の場での石鹼の使用はおすすめできませんが、家庭での石鹼使用には、もちろん何の問題もありません。

キッチンスポンジからマイクロプラスチックが…

関連する目標▼❻・❾・⓬・⓮

キッチンで食器を洗うスポンジも、そのほとんどがプラスチック素材でできています。このスポンジから出たマイクロプラスチックが、生活排水に混じって海に流れ込んでいる可能性が指摘されています。

キッチンスポンジは、スポンジの片面にザラザラのこすり洗い用の部分がついたタイプ、スポンジをネットに包んだタイプなどさまざまですが、これらの

食器を洗うスポンジもマイクロプラスチック流出の原因に…

主な材料はいずれも、ポリウレタン、ナイロン、アクリルなどのプラスチック素材でできています。

また、最近よく使われているメラミンスポンジ（頑固な茶渋などを落とす白くて硬いスポンジ）もメラミン樹脂、つまりプラスチックです。

これらのスポンジを毎日使用すると、磨耗してボロボロになります。ボロボロにすり減った分はどこにいくかというと、細かなマイクロプラスチックになって最終的には海に流れつきます。

わずかな量かもしれませんが、これを毎日、日本中、世界中の家庭が繰り返せば、たいへんな量になります（月に1回程度廃棄される使用済みスポンジもプラスチックゴミになります)。プラスチックは生分解しません。少なくとも1000年は分解されずに残るといわれています。

食器洗いには天然素材のものを使用するほうが、環境にやさしい選択といえるでしょう。

昔ながらの〝生活の知恵〟に立ち返るなら、コットン素材のふきんがおすすめです。マイクロプラスチックを流出させることもありませんし、何度も洗って使えるので、ゴミも少なくなります。もちろん、経済的でもあります。

「ガラ紡」と呼ばれるデコボコした糸で織られた、洗剤を使わずに食器洗いができるものもあります。

ふきんでは落としにくい、鍋にこびりついた汚れなどには、棕櫚でできたタワシや、ヘチマなどを使うと便利です。

もうひとつ、最近注目を集めているアイテムに、「スポンジワイプ」というものがあります。素材は、木材の切れ端からつくる繊維素セルロースとコットン。100%天然素材です。厚めの紙でできたふきんのようですが、水を含むとスポンジ状になります。

1949年にスウェーデンで開発され、以来、ドイツをはじめとする〝エコ意識の高い〟国々で広く普及しています。

キッチンスポンジの代わりに食器洗いに使えるのはもちろんですが、給水性にすぐれているため、洗った後の食器置きや水切りにも使えます。

また、北欧発祥なので優れたデザインのものが多く、ランチョンマットやコースター代わりに使ってもテーブルコーディネートの幅が広がります。

煮沸消毒や洗濯機で洗ったりしながら何度も繰り返し使えるので、ゴミの量を減らすことにもつながります。もちろん、天然素材なので可燃ゴミです。

食器洗いはスポンジ、というささいな常識を変えてみることも、SDGsを実践するためのポイントのひとつです。

冷蔵庫の中身を少なくしたほうがいい理由

関連する目標▼❼・⓬・⓭

毎日の買い物は使うと決めたものだけを買って、冷蔵庫の中身は少なくしておきましょう。いつか使うかもしれないものは、店頭で安かったからといっても、なるべく買わないようにしましょう。そうしたもので冷蔵庫をいっぱいにすることは、ふたつの点でSDGs的ではありません。

ひとつは、フードロスを増やす原因になります。

冷蔵庫がいっぱいになれば、なかに入っているものを隅々まで把握するのが難しくなります。そのうちに、気がつくと賞味期限が過ぎていた、という食品が出てくるはずです。

少しくらい賞味期限が切れていたとしても食用に支障はないということは75ページでも触れましたが、あまりに過ぎてしまって品質が変わってしまっては問題です。

食材を余さず、食べ切るためには、冷蔵庫の中身は、容易に把握できる範囲にとどめておくのが賢明です。

もうひとつは、消費電力の問題です。

冷蔵庫は、24時間、なかの食品を冷やし続けるので、多くの電力を消費します。冷蔵庫にものが隙間なく詰まっていると、冷気の循環が滞り（とどこお）、より多くの電力を消費します。また、冷気の吹き出し口の前を塞ぐ（ふさ）ようにビンなどをおくと、やはり効率が悪くなり、消費電力が増えます。冷蔵庫の中身を3分の1程度にしておくことで、CO_2排出量も抑えることができます。

反対に、冷凍庫はなるべくたくさんのものを隙間なく詰め込んでおきましょう。冷凍された食品は、それ自体が保冷剤の役割をするので、たくさんの食品が隙間なく並んでいるほうが、消費電力を抑えることができます。

もちろん、冷凍保存にも限界があるので、適切な時期までに消費して中身を循環させましょう。そうしないと冷凍のままゴミになってしまうかもしれません。

待機電力の削減でCO_2排出量はどれだけ減る？

関連する目標▼❼・⓬・⓭

家電製品のなかには、使用していないときも電力を消費しているものがあります。いわゆる「待機電力」、正式には「待機時消費電力」です。

テレビを見たいと思ったときにリモコンを押すとすぐに画面が立ち上がるのは、この待機電力のおかげです。

経済産業省資源エネルギー庁の報告（2012年）によれば、1世帯あたりの待機電力の年間消費量は228キロワットとのこと。これは年間消費電力全体4432キロワットのうち、約5・1%を占めていることになります。

同報告によると、家庭での待機電力が大きな家電は以下のとおりです（小数点以下は省略）。

1位　ガス温水器　19%
2位　テレビ　10%
3位　エアコン　8%
4位　電話機　8%
5位　BD・HDD・DVDレコーダー　6%
6位　温水洗浄便座　5%
7位　パソコン　4%
8位　電子レンジ・オーブンレンジ　3%
9位　パソコンネットワーク機器　3%
10位　インターホンセット　2%

※数字は家庭の全待機電力を１００％とした場合の全体に占める割合

この待機電力を50％削減することで、年間約60キログラムのCO_2排出量が削減できる計算です。

たとえば、エアコン。エアコンは、使う時期が決まっています。夏の暑い時期の冷房、冬の暖房には活躍しますが、春や秋の〝過ごしやすい季節〟にはほとんど稼働することがありません。この時期、まったく使用するつもりがないのに、コンセントをそのままにしておくと待機電力を消費し続けることになります。そうしたときにコンセントからプラグを抜いておけば、電力消費の削減になります。

一般に、リモコンで操作する機器は主電源を切ることで待機電力を節電できます。主電源が切れないものは、節電モードがあるはずなので活用しましょう。

家電製品の待機電力を切るためには、コンセントからプラグを抜いてしまうのが確実な方法。とはいうものの、こまめにプラグを抜き差しするのも手間がかかります。必要な箇所で、電源スイッチ付きのタップを活用すれば、簡単に待機電力消費を抑えることができます。

エアコンに頼りすぎないためのポイント

関連する目標▼❼・⓫・⓭

温室効果ガスのせいで地球の平均気温が上昇し、そのせいでエアコンが欠かせない生活になっているとしたら、まさに悪循環です。

エアコンの使用を上手に控えることで、エネルギー消費を抑えCO_2排出量削減に貢献しましょう。

夏、室内で涼しく過ごすためには、エアコンをつける前にまずやることがあります。朝起きたら、窓を開けて外の空気を取り込みましょう。できれば、対面する2か所の窓を全開にして空気の流れをよくします。

真夏の暑い時期でも、朝から気温が大きく上がっていることはないはずです。まだ涼しいうちに外の空気を取り込んで、暑くなる前に窓を閉め、朝の涼しい空気を逃さないようにしましょう。このとき、カーテンもいっしょに閉めることで、太陽光による紫外線を遮(さえぎ)ることができます。

グリーンカーテンは夏の省エネ対策に最適

紫外線を遮るには、植物を利用したグリーンカーテンも効果的です。窓の外にネットを張ってゴーヤ、キュウリ、アサガオ、ヘチマなどの蔓性(つるせい)の植物を這(は)わせることで、紫外線を遮ることができます。

グリーンカーテンは、見た目にも涼しいだけでなく、植物が根から吸った水分を葉から蒸発させることで、周囲から気化熱を奪い、温度を下げる効果もあります。

冬は反対に、カーテンを開けて日差しを取り込むことで、部屋を温めることができます。

エアコンを使うときは、あまり強くかけすぎないようにしましょう。適温は夏が26～27℃、冬が22～23℃程度ですがいつもより、冷房の温度を1℃高く、暖房の温度を1℃低く設定するだけで、年間33キログラムのCO_2を削減できます。

ちなみに環境省が推奨する室温は、夏は28℃、冬は20℃です。

環境にいいのはシャワーか、お風呂か

関連する目標▼❻・⓭・⓮

バスタブにお湯をためるよりも、シャワーのほうが、使う水は少なくてすむから環境によいはずだ、という人がいます。いや、シャワーのほうがじつはお湯を使っているのではないか、という人もいます。いったいどちらが正しいのでしょうか。

入浴の際に浴槽にためる湯の量は、浴槽のサイズにもよりますが、平均すると、だいたい200リットル。一方シャワーの水量は、1分間で約10リットルです。

この計算でいくなら、20分以上シャワーを使うと、シャワーのほうが水を消費することになります。消費するエネルギー量は、使う水の量に比例するので、

CO_2排出量も20分未満ならシャワーのほうが少ない、ということになります。もしもひとり暮らしなら、バスタブにお湯をためずに、シャワーを使いましょう。反対に、ふたり以上の家庭ならバスタブを使ったほうがCO_2を削減できるはずです。

シャワーを使いたいなら、シャワーヘッドを節水タイプに替えてみるという方法もあります。節水タイプのシャワーヘッドは、1分間の水量が5〜7リットルと、一般的なシャワーヘッドの2分の1から3分の2程度となっているので、水もエネルギー消費も節約できます。

また、節水型シャワーヘッドには、手元で水を止めることができる機構がついているものが多くあります。この機構を利用して、髪や体を洗っているときには、シャワーを止めておくなど、こまめに水を止めるようにすれば、さらに節水になります。

一方、バスタブにお湯をためて入浴したい、という人も、水やエネルギーをさらに節約する方法があります。

お湯をためる量を少なくすること、必要以上に水位を上げすぎないこと。体を沈めるとお湯が溢れ出すようなお風呂の入り方はやめましょう。

また、追い焚きはエネルギーを消費します。とくに冬は湯温が冷めやすいので、できるだけ家族が続けて入浴するようにしましょう。

洗い物で重曹、クエン酸を効果的に使うには？

関連する目標▼❻・⓭・⓮・⓯

食器や調理器具に使う洗剤や掃除に使う洗剤には、化学物質が含まれていて、家庭排水に混じって排出されることで土壌や海洋の汚染の原因になります。市販の食器用洗剤や掃除用洗剤の代わりに、重曹やクエン酸を使うとよいでしょう。

重曹の正式名称は炭酸水素ナトリウムで、アルカリ性です。そのため、酸性の汚れ（油汚れ、湯垢、食器汚れなど）を中和して落とす力があります。

クエン酸は、弱酸性なので、アルカリ性の汚れ（水垢、たばこのヤニなど）を落とすときに使います。

重曹、クエン酸の上手な使い方を以下で説明しましょう。

・食器を洗う

ぬるま湯200ミリリットルに重曹大さじ1杯を溶かして、ペットボトルに入れ、食器用洗剤と同じように使います。

油がこびりついた皿などは、あらかじめヘラなどで汚れをこそぎ落としてから、ふきんに重曹を直接ふりかけて拭き取ると、油脂を乳化してきれいにすることができます。

・茶渋を落とす

洗い桶(おけ)に湯を張り、重曹を加えて、茶渋のついた茶碗などを浸(つ)けておきます。30分ほどで、汚れが浮き出て落としやすくなります。

・鍋底の焦げを落とす

鍋に3分の1くらいの高さまで水を入れ、重曹を大さじ2〜3杯入れます。中火にかけ、沸騰したらそのまま放置して冷めるまで待ちます。重曹がタンパク質を分解して、焦げが落としやすくなります。

・台所の油汚れ

油汚れは酸性なので、基本的に重曹で落ちます。強力な汚れには、重曹を直接ふりかけてしばらくおいてから、古い歯ブラシなどで軽く擦(こす)ります。

仕上げにクエン酸を噴きかけると、残った重曹が中和されてきれいに落ちます。クエン酸は、ぬるま湯200ミリリットルに小さじ1杯を溶かして使用します。

・フローリングの拭き掃除

重曹をスプレーして拭き上げた後、クエン酸スプレーで中和します。ベタベタした油汚れが取れて、サラサラになります。ただし、無垢(むく)材の場合は、木に含まれるタンニンとアルカリ性の重曹が反応して黒ずんでしまう場合があるので、クエン酸だけで拭き掃除をしましょう。

・お風呂掃除

お風呂場のタイルや浴槽のぬめりは、フローリング同様、重曹+クエン酸で退治できます。

・トイレ

便器の汚れや、洗面の手洗いボウルの黒ずみは、クエン酸が効果的です。クエン酸スプレーは、トイレの床や壁にも使え、消臭効果もあります。

家事を分担してジェンダー平等を達成

関連する目標▼❺・❽・❿・⓰

ジェンダー平等の実現は、ＳＤＧｓのなかでも、国や自治体よりもむしろ個人の取り組みによるところが大きい目標のひとつです。制度が整っても、一人ひとりの意識と行動が変わらなければ意味がないからです。

とくに日本は、意識の面で遅れているといわれています。

内閣府の「男女共同参画白書」によれば、６歳未満の子供をもつ夫婦の、妻が家事に費やす時間は１日あたり７時間34分、そのうち育児に関する時間が３時間45分となっています。

一方、夫が家事に費やす時間は１日あたり１時間23分、そのうち育児に関する時間がわずか49分です。

欧米諸国を見てみても、たしかに女性の負担が多くなっているのは事実ですが、ここまでの開きはありません。

残業が多い、休みが少ないなど日本人特有の働き方のせいもあるでしょうが、管理職の女性比率などを見ても、日本はジェンダー平等の意識が遅れていると判断せざるを得ません。

ジェンダー平等を達成するために、一人ひとりができることとして、まず家事の分担について考えてみましょう。

日本では、男性が外で働き、女性が家を守るという〝分担〟が当たり前でしたが、これは専業主婦世帯が多かった時代の話。しかし、厚生労働省等の資料によれば、1980年に約1100万世帯あった専業主婦世帯は2019年には575万世帯と半減。

一方、約600万世帯だった共働き世帯は1245万世帯に倍増。いまでは、共働き世帯が主流になっています。

夫婦といえども、それぞれの仕事があり、それぞれのプライベートライフがあるならば、家事もシェアすると考えてみてはどうでしょう。

料理や洗濯は交代制にして、週の半分は夫が担当する。というやり方もあるでしょうし、それぞれの得意不得意を考慮して担当を決めるという方法もあるでしょう。たとえば、料理が得意な夫が夕飯をつくり、几帳面な性格な妻が整理・収納を担当する、というように。

あるいは、あえて担当を決めなくても、「家事をシェアする」という意識があれば、帰りが早いほうが夕食をつくる、など自然な形で負担を平等に引き受ける習慣が生まれてくるはずです。

議員候補者数の男女比を振り分けるクオータ制を国会が導入する前に、まず家庭からジェンダー平等を始めましょう。

6章 住環境を整えてエネルギー消費を抑える

リフォームをするなら「高断熱・高気密」に

関連する目標▼❼・❾・⓫・⓭

家庭で消費するエネルギーの約4分の1は冷暖房に使われています。もう少し正確にいうと、暖房が26・7%、冷房が2・2%(2011年度、環境省)で、ほとんどが暖房に使われるエネルギーです。

つまり、暖房効率を上げれば、消費エネルギーは少なくてすむので、CO_2排出量を抑えることができます。ついでに、光熱費も節約できるということになります。

高断熱・高気密リフォームとは

夏は暑さを入れないため涼しく、冬は熱を逃がさないため暖かい

そこでいま注目されているのが、「高断熱・高気密リフォーム」です。

室内の熱を外に逃がさなければ、暖房効率が上がり、少ないエネルギーで暖かく快適な暮らしができます。当然、夏の冷房も効きがよくなります。

熱が逃げやすいのは開口部。熱の出入りのうち、73％が開口部からというデータがあります。

たとえば窓を開け閉めすれば、その際に熱が逃げてしまうのは当然ですが、じつは、開け閉めをしなくても、窓から逃げる熱は大きいのです。なぜなら窓は、壁や天井、床よりも薄いガラス一枚だけで外気と接しているからです。

断熱仕様にリフォームするなら、まず、窓を複層ガラス・樹脂フレームの断熱仕様のものに替えるなどして、窓から熱が逃げないようにしましょう。

壁や天井も断熱材を見直すことで、夏は暑さを入れないため涼しく、冬は暖房の熱を逃がさず暖かくなり、冷暖房効率を高めることができます。

もしも、近々家を建て替える予定があるなら、冷暖房効率がよくなるように、設計段階で相談してみましょう。省エネ住宅の条件をクリアすれば、補助金・減税制度があるので、経済的でもあります。

薪ストーブはエコな暖房器具だった!

関連する目標▼⑦・⑬・⑭

サステナブルな暖房器具として、薪ストーブが注目されています。そもそもその姿形がレトロで趣があり、薪を燃やす炎が癒やし効果を与えてくれると、とくにナチュラル志向の人たちに人気です。

薪ストーブのメリットは、まず、エネルギー変換効率がいいということ。薪を燃やして、その熱をその場で利用するので、ほとんどロスがありません。環境基準による認証機関のテストでは80％前後のエネルギー変換効率があると証明されています。

たとえば電力の場合、石油、石炭、天然ガスなどの化石燃料による発電では、40％未満。再生可能エネルギーではさらに低く、太陽光発電では20％前後、風力発電では30％前後といわれています。

また、電力を使わない石油ストーブの場合はどうかというと、約40％。ガスファンヒーターなどガスを燃料とするものは、これよりも少し低い数字になるということです。

薪ストーブのエネルギー変換効率は、他の暖房手段にくらべてかなり優秀だということになります。

ではCO_2排出という点ではどうでしょうか。

基本的にCO_2を排出しない再生可能エネルギー由来の電力に比べると、薪を燃焼させているので、CO_2が発生します。

これについては、もともとは植物が空気中から取り込んだCO_2なので、トータルではCO_2の排出を増やしていない、という考え方があります。

カーボンニュートラルは、「CO_2の排出量そのものをゼロにすることは不可能なので、CO_2を増やす量と減らす量を相殺して、差し引きゼロを目指そう」という考え方です。

カーボンニュートラル的に解釈すれば、薪のようなバイオマス（動植物から生まれた有機性の資源）を燃やすとCO_2が大気中に放出されますが、その分はまた植物が吸収するのでCO_2の量は変化しない、ということになります。

ただしこれは解釈の問題なので、こんな異論を唱える人もいます。化石燃料由来だろうと、バイオマス由来だろうと、CO_2に違いはない。バイオマス由来のCO_2だけを植物が吸収することもない。だからCO_2を増やしていることには変わりはない、と。

CO_2排出を正確に評価することは、難しい課題です。トータルで見れば、化石燃料は採掘した時点で地球上（地中は除く）に存在する炭素を増やしていることになります。

また、太陽光や風力であればCO_2をそもそも排出しませんが、設備や送電にかかるコストは薪よりも大きいでしょう。薪を自分で山に入って調達してくれば、調達の際のCO_2排出もゼロになります。

ちなみに、薪ストーブを使うとなると、いちばんのネックとなるのが薪の調達です。いま、森林に近い地域では、これまで放置されていた間伐材（かんばつざい）を薪ストーブの燃料として、地元に配布する取り組みをしているところもあります。

森林を守る活動でもあり、エネルギーの地産地消ともいえます。

薪ストーブを暖房に使うなら、森林の近くに住んで間伐材を利用する、というのがもっとも環境にやさしいといえそうです。

「HEMS」を導入してエネルギー効率を上げる

関連する目標▼❼・❾・⓭

大量にエネルギーを消費してCO_2を排出するような生活をやめて、もっと地球にやさしい暮らしをしたい、と思ったら、向かう先はふたつあります。ひとつは、田舎暮らし。古民家に住んで、自然に親しみ、自給自足に近い生活を目指せば、CO_2排出を減らすことができるでしょう。

もうひとつは、スマートテクノロジーでエネルギー消費を抑えるハイテク生活。もちろん、このふたつは相反するものではなく、同時に取り組むこともできるわけですが、ここでは後者の話をしましょう。

スマートテクノロジーの代表的なものはＨＥＭＳ（ヘムス）です。

ＨＥＭＳとは「Home Energy Management System」の略で、家庭のエネルギーを一元管理するシステムです。エアコンや照明器具などはもちろんですが、後で述べる太陽光発電やエネファームなどがあれば、これらも合わせてエネルギーの流れを一元管理することができます。

ＨＥＭＳを導入するメリットのひとつは、使用エネルギーをリアルタイムで可視化できることです。いまどの部屋のエアコンでどのくらいの電力を使っているなどとわかるため、無駄なエネルギー消費を抑えることができます。

また、月単位のエネルギー消費量もわかるので、「今月は使いすぎだから、月の後半はエネルギー消費を抑えよう」などと、状況を見ながら判断することもできます。

一般財団法人省エネルギーセンターの調査によれば、エネルギーを可視化することで平均11％の省エネを実現したそうです。

HEMSについて

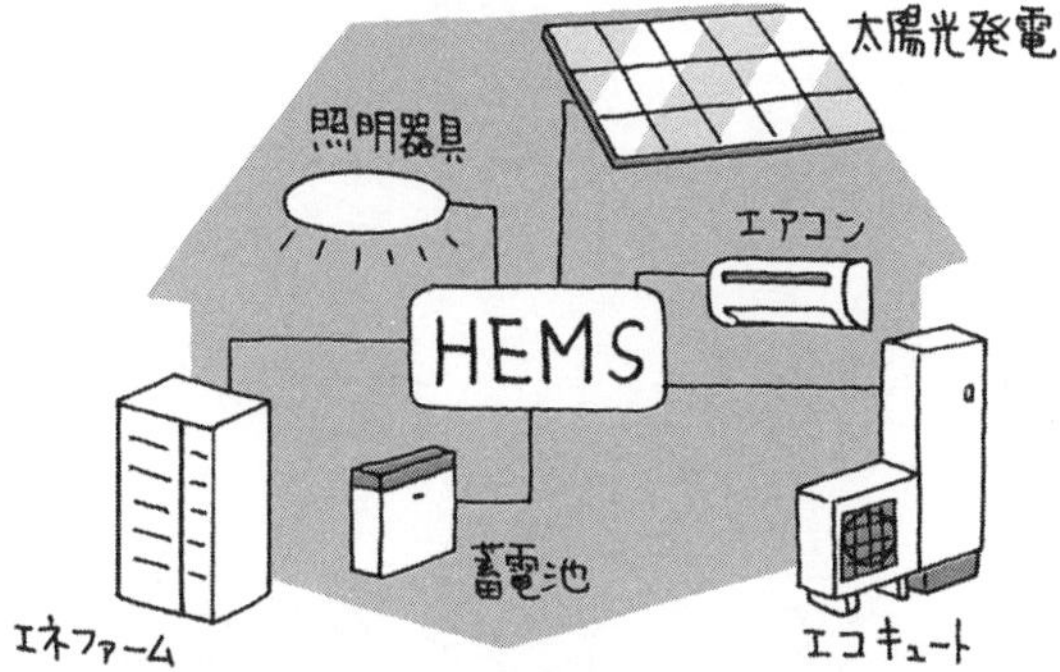

エネルギーの流れを一元管理することによって、
無駄なくエネルギーを供給することができる仕組み

もうひとつのメリットは、エネルギーを管理しやすくなることによる省エネ効果。たとえば、あらかじめ1日のエネルギー使用量の目安を設定しておいて、それに合わせてエアコンや照明などを自動でコントロールする、というようなことが可能になります。

もちろん、テクノロジーによって利便性も高まります。寒い日は家に帰る前に、スマートフォンのアプリで操作して自宅の風呂を沸かす、などということも簡単にできるようになります。

このHEMSを中心に、太陽光発電、エネファームなどの発電・給湯機能、EV（電気自動車）の充電・給電などを連動させれば、消費電力を抑えることができ、CO_2排出量も削減できます。

ただし、HEMSを導入するには、照明や家電製品もそれに対応した機種に替えなければなりません。それらを製造する際にはCO_2を排出します。

いま使用しているものがまだ使えるのにHEMSのために買い替えると、その分余分にCO_2を排出することになります。

ただし、長い目で見ればCO_2削減に効果があるのは間違いないでしょう。政府は2030年までにすべての世帯にHEMSを設置することを目標とすると発表しています。

電力を使った便利で快適な生活を続けながら、CO_2削減を実現したいなら、HEMS導入を考えてみるのもよいでしょう。

エネルギー消費量ゼロを目指す「ZEH」とは?!

関連する目標▼⑦・⑨・⑬

住宅を断熱仕様にして熱効率を高めながら、HEMSでエネルギーを一元管理し、さらに太陽光による自家発電を導入すれば、エネルギー収支をゼロになる、つまり、光熱費ゼロ。使うエネルギーをすべて再生可能エネルギー（太陽光）で賄（まかな）い、外部からエネルギーを導入しなくても生活できる環境を整えることが可能です。このゼロエネルギーを目指した取り組みのことを「ＺＥＨ（ネット・エネルギー・ゼロ・ハウス：ゼッチ）」と呼びます。

エネルギーを外部から導入しない、ということは、つまり化石燃料に由来する電力を使用しないということでもあります。日本の電力構成では、76％が化石燃料に依存しているので、電力会社から電力を購入するということは、（一部の電力会社を除いて）より多くのCO_2排出に加担、寄与しているということでもあります。

太陽光発電は、太陽が出ている間しか発電ができない、というデメリットがあります。夜間や天候が悪い日は十分な電力が得られません。そのため蓄電池等を使って、エネルギーをためておくことが必要になります。

また反対に、電力を使わないときでも発電してくれるので、余った分は売電することができます。

売電は収入になるだけでなく、余っている電力を、必要なところに融通する、という意味でサステナブルな仕組みといえるでしょう。

太陽光パネル設置にかかる費用は、年々下がっています。経済産業省によれば、２０２０年の設置費用は新築の場合28・5万円／kW、リフォームの場合32・7万円／kWと、新築のほうが割安になります。

いま、新築を考えているのであれば、太陽光パネルの設置とＨＥＭＳの導入を合わせて検討してみるとよいでしょう。

あるいは、いきなりすべてを再生可能エネルギーで賄おうとしなくても、まずは部分的に太陽光発電を取り入れて、プチオフグリッド（電力の一部を送電線経由以外で賄うこと）を始めてみるのはいかがでしょうか。

再生可能エネルギー100％の電力会社を選ぶ

関連する目標▼⑦・⑫・⑬

毎日使っている電気がCO_2排出につながらないように、再生可能エネルギー由来の電力だけを使用したい、と思ったら、方法はふたつ。ひとつは、前述したように、自分で太陽光パネルを設置する。

もうひとつは、電力会社の再生可能エネルギープランを選ぶか、再生可能エネルギー100%の電力会社を選ぶことです。

2016年の電力自由化以来、多くの企業が電力を販売するようになりました。どこの会社から電気を買うかは、ユーザーが自由に決められるようになったのです。

そして、昨今の環境を意識の高まりを受けて、さまざまな会社がさまざまな形で再生可能エネルギーを組み込んだプランを提供しています。

また、販売する電力すべてを再生可能エネルギーで100%賄う電力会社もあります。

こうした選択肢のなかから、目的にあったプランや電力会社を選ぶことで、CO_2削減に寄与し、地球温暖化防止に貢献することができます。

省エネ・プチオフグリッド実践におすすめの機器

関連する目標▼❼・❾・⓭

家庭で省エネ、プチオフグリッドができる機器として、「エコジョーズ」「エコキュート」「エネファーム」などがあります。

似たような名前ですが、それぞれ異なる仕組みの機器です。

エコジョーズは、一言で言うと「従来の給湯器よりも高効率のガス給湯器」です。給湯器は、ガスを燃焼させてその熱でお湯を沸かします。その際に出る約200℃の廃熱を、従来はそのまま廃棄していましたが、エコジョーズはこの廃熱を再度利用して二次熱交換を行なうため、熱効率を従来の80%から95%に高めています。CO_2排出量は13%削減できます。

エコキュートは、夜間の電力を使って湯を沸かす電気給湯器です。エコキュートでは、ヒートポンプという仕組みを使って湯を沸かします。

ヒートポンプは、大気中の熱を冷媒(れいばい)に取り込み、その冷媒を圧縮することで高温にして水を温めます。CO_2排出量は、従来の給湯器に比べて65%削減できます。

エネファームは、一言で言えば「ガスに含まれる水素で発電する家庭用燃料電池」です。エコジョーズやエコキュートは給湯器ですが、エネファームは発電する機器であるところがそもそも異なります。

エネルギー効率を上げる3つの機器

名称	特徴
エコジョーズ	高効率のガス給湯器。給湯の際に出る廃熱を再利用することで、熱効率を高める
エコキュート	電力を使って湯を沸かす機器。従来の給湯器に比べて、CO_2排出量を65%削減できる
エネファーム	ガスに含まれる水素で発電する家庭用燃料電池。電気と湯の両方を供給できる

といっても、発電の際に出る廃熱を利用して湯を沸かして、タンクにためて給水もします。つまり、電気と湯、両方を供給するシステムなのです。一般家庭の一次エネルギー消費量を約26〜30%、CO_2排出量を41〜45%削減することができます。

普通に生活している限り、私たちにはエネルギーが不可欠です。ガスや電気などのインフラを一切使わずに生活するのは、よほどの僻地(へきち)でない限り、現実的ではありません。

それならば、エネルギー効率をよくしてCO_2排出を抑えてくれるプチオフグリッドはおすすめです。そのために、こうした機器を設置するのもひとつの方法です。

日本家屋は理にかなったエコ住宅！

関連する目標▼⑨・⑬

最近、古民家に移住する人が増えています。密閉性の高い都心のマンションなどから古い日本家屋に住み替えると、冷暖房の効率はどうなのかと気になります。

じつは、伝統的な日本家屋には、高温多湿な日本の風土に適したさまざまな工夫が盛り込まれています。

たとえば、日本の木造住宅は、在来工法と呼ばれる工法で建てられていますが、これは屋根の重さを柱で支える構造のことで、部屋を仕切る壁が少なくなっています。そのため、開口部を多くとることができ、風通しがよいので、湿気の多い日本の夏を快適に過ごすために、理にかなった工夫といえるでしょう。

また、軒（のき）や庇（ひさし）の長さが適切に調整されていて、夏、日差しの角度が高い時には室内に陽が当たらないように、逆に冬、日差しが低いときには室内まで暖かい光が届くように工夫されています。

欄間（らんま）は、風通しをよくすると同時に、ふすまを閉めていても自然の明かりを取り込む工夫でもあります。

また、家の周囲に落葉樹（らくようじゅ）を植えるのも、夏は葉が茂（しげ）って日差しを遮るように、冬は葉が落ちて日差しを届かせるようにと考えられているのです。

日本家屋は、化石燃料がない時代から1年を通して快適に過ごせるようにつくられた「エコ住宅」ともいえます。

古民家に移住するのはなかなか大変ですが、家づくりの際には、伝統的な日本住宅のよさを活かしながら、スマートテクノロジーと併用するなどの工夫で、都市部でもサステナブルな住まいが可能になるはずです。

7章 一人ひとりが取り組める職場での省資源の心がけ

電力消費の高い、照明と空調の使い方に注意！

関連する目標▼❼・⓭

都心の巨大なオフィスビルに毎日出勤する人も、フリーランスやスモールオフィスで仕事をする人も、あるいは飲食店などで非正規で働く人も、仕事をもつ人であれば、1日のうちかなり多くの時間を仕事にあてているはずです。「暮らす」と同じように「働く」のなかにも、SDGsに貢献できることはあります。

たとえば、電力消費を抑える。エネルギー資源庁の調査によれば、一般的なオフィスの電力消費のうちもっとも大きな割合を占めるものが「照明」で、全体の33%となっています。

照明にかかる電力を減らすために、

- 使用していない会議室などの照明はこまめに消す
- 昼休みは消灯する
- 廊下の照明を間引く
- 照明をLEDにする

などが、オフィスの省エネ対策の定番です。

こうした照明の省エネももちろん大切ですが、オフィスの電力で2番目に大きい「空調」(28%)への対策も重要です。このふたつの消費電力を合わせると、消費電力全体の6割を超えることになります。

空調の節電は、適温に設定する、つまり、暖めすぎたり冷やしすぎたりしない、ということが基本です。適温とは冬場は22~23℃、夏場は26~27℃程度。

環境省は夏場の冷房設定を28℃にするよう推奨(すいしょう)していますが、実際これでは人によっては暑いと感じる人もいます。暑いと感じると、つい設定温度を必要以上に下げてしまったりする人が出てくるので、快適と感じられる温度に設定しておきましょう。

それでも、勝手に設定温度を変える人がいる場合は、リモコンのロック機能を使って不必要な変更ができないようにしておきましょう。

どうしても「暑い！」という人には、ＵＳＢタイプの卓上扇風機があります。消費電力は、空調の設定を１℃下げるよりもはるかに少ないはずです。

ＯＡ機器を上手に節電する方法とは？

関連する目標▼⑦・⑬

オフィスの消費電力１位と２位は「照明」「空調」でしたが、３位はＯＡ機器で約21％を占めています。

照明や空調の節電に取り組んでいるオフィスは多いと思いますが、ＯＡ機器の節電を意識しているオフィスは少ないのではないでしょうか。コピー機、パソコン、プリンターなどは必要不可欠で、節電は難しいと考えてしまいがちです。しかし実際にはＯＡ機器の節電も可能です。

・使用機器を適切に選ぶ

ＯＡ機器の台数が多いほど、消費電力は増えます。とくにスモールオフィスでは、必要に応じて買い足してきたＯＡ機器が、コピー機、プリンター、スキャナ、ファクスと並んでいるようなことはないでしょうか。

これらをまとめて、複合機にすると、消費電力は少なくてすみます。ただし、まだ使える機器を廃棄して新しい複合機を購入（またはリース）するのは、資源の無駄になり、ＳＤＧｓ的ではありません。買い替えのタイミングで、検討してみましょう。

・複合機不使用時は、主電源をオフにする

終業時には本体の主電源をオフにしましょう。複合機を夜間もオンにしておくと待機電力を消費します。必要なときだけオンにするようにしましょう。また、最新の機器には省エネモードがついているものが多いので、自動オフまでの時間設定を短く設定しておきましょう。

・パソコンのディスプレイを調整する

パソコンのディスプレイが明るすぎると、電力を消費するばかりでなく、目の疲労にもつながります。出荷時には最大に設定されていることがあるので、適切な明るさに調整しましょう。マイクロソフト社によれば、ディスプレイの輝度を最大時の40％に設定すると約23％の節電になるそうです。

・終業時はパソコンをシャットダウンする

朝、すぐに仕事を始められるように、パソコンをシャットダウンせずにスリープモードにして帰る人がいますが、省エネという意味ではあまりよい方法ではありません。

たしかに、パソコンはシャットダウンと起動時にもっとも電力を消費しますが、使用していない時間の電力消費と比較すると、1〜2時間の離席ならスリープモード、それ以上ならシャットダウンしたほうが省エネ効果が得られます。また、スクリーンセイバーは、通常の使用時と同程度の電力を消費しています。

日本の紙消費量は世界第3位！

関連する目標▼❾・⓬・⓭・⓯

かつてオフィスのデジタル化が急激に進んだとき、将来は紙の書類はなくなるだろうという予測が主流でした。その後、オフィスのペーパーレス化は進みましたが、まだ、完全にゼロになったわけではありません。

いま、紙の書類は〝なくなる〟ではなく、〝なくそう〟という機運が高まっています。紙は製造工程で、環境に大きなインパクトを与えているからです。

紙の製造で問題となっているのは、原材料として大量の木材と水を使用することです。

いま、インドネシアでは熱帯雨林が危機に瀕していることはパーム油の項（62ページ参照）で触れましたが、日本に輸入されるコピー用紙の63％（２０１９年）はインドネシア産です。インドネシアの森林破壊の原因のひとつは、紙の製造のための伐採だといわれています。日本で製造する紙の原料は、アメリカ、オーストラリア、チリ、ベトナムなど広く世界から輸入しています。

また、紙の製造には大量のきれいな水を必要とします。紙１トンを製造するのに１００トンの水を使用します。使用した水は、何度か再利用されたり、汚濁物質を除去したりするなどの処理はされますが、最後は排水になります。

こうして大量の森林資源ときれいな水から、紙がつくられます。

FSC®認証マーク

森林保全につながる製品につけられる

ちなみに、国別に見た紙の消費量では、日本は中国、アメリカに続き第3位（2019年）です。

オフィスでは、ペーパーレス化を推進しましょう。必要のないプリントアウトはしないようにしましょう。また、パンフレットやチラシなどの印刷物はできるだけ少なくし、PDFデータなどで代用できるものは代用しましょう。封筒の製造や郵送によるCO_2排出削減にもつながります。

紙を使用するなら、FSC®認証紙を使用しましょう。FSC®（Forest Stewardship Council®〈森林管理協議会〉）は、責任ある森林管理を世界的に推進している機関です。

FSC®認証は、サステナブルに管理された森林と工程を用いて、先住民や製造工程に関わる人々の福祉を守りながら製造された紙であることを表しています。また、同様に製造された再生紙には「FSC®リサイクル」認証が与えられています。

備品や文具は環境に配慮されたものを選ぶ

関連する目標▼❾・⓬・⓭・⓮・⓯

家庭での生活と同じように、オフィスでも環境によい備品を使いましょう。

・プラスチックの使用を減らす

オフィスで使用する備品や文具は、プラスチック製のものがたくさんあります。すべてを非プラスチック素材で代替することは難しいですが、できるところから、プラスチック使用を見直し、プラスチックゴミを少なくするようにしましょう。

たとえば、筆記用具。使い捨てのボールペンは、数か月でプラスチックゴミになります。鉛筆や万年筆を使えば、ゴミを減らすことができます。鉛筆を使う場合は環境に害を与えない非プラスチック消しゴムを、万年筆はカートリッジ式ではなく吸入式を使いましょう。

・ローカルなプロダクトを購入する

輸送距離を短くすれば、CO_2削減量を減らすことができます。オフィス家具や備品、文具は輸入品ではなく、国産で。できれば近隣で調達しましょう。地元経済の活性化にもつながります。

・リユースする

使わなくなった備品は、廃棄せずに、別の部署、別のセクションで再利用するようにしましょう。コピー機のトナーカートリッジやリターナブル容器は回収箱に入れて再利用できるようにしましょう。

・中古品を購入する

オフィス家具やＯＡ機器は、中古品の購入を考えましょう。資源の有効利用であるだけでなく、経済的でもあります。

オフィス家具は〝循環〟を考慮した製品を

関連する目標▼❻・❼・❾・⓬・⓭・⓮・⓯

Ｃ２Ｃ（Cradle to Cradle）という概念が注目を集めています。「ゆりかごから、ゆりかごへ」、生産↓使用↓廃棄という流れを見直し、使用したあとは再び生産へ、つまり、すべてのパーツを分解して再利用でき、ゴミを一切出さないように製造しようという考え方です。これをサーキュラーエコノミー（循環型経済）といいます。

C2C認証はEPEA（ドイツ環境保護促進機関）が行なっています。そして、認証には、下記のような厳しい条件をクリアする必要があります。

・原材料の健康性

人や環境に対して、できる限り害のない化学物質を使用していること。

・原料、部品のリユース

製品を使用し続けられるサイクルを構築し、使用後は廃棄物としてではなく、資源として再利用できるようにすること。

・自然エネルギー利用とカーボンマネジメント

再生可能エネルギーを使用して製品を製造し、生産工程で出る温室効果ガスを減らしたり、ゼロを目指していること。

・水スチュワードシップ

地域の水脈が汚染されないように保護するとともに、地球上のすべての生物が安全な水にアクセスできるように努めていること。

・社会的な公正さ

製品の生産によって影響を受ける人々や自然環境を尊重した上で、事業計画をしていること。

オフィス家具では、ハーマン・ミラー社の製品がC2C認証を取得しています。C2C認証のファニチャーを使用することで、環境への負荷軽減に貢献することができます。

また、スウェーデンの家具メーカーIKEA社は、2030年までに「サキューラー（循環型）プロダクトデザインの原則」を適用し、企画・デザインの段階から、再利用、改修、再製造、リサイクルを考慮した製品づくりを実現すると宣言しています。

こうした製品をオフィス家具あるいは備品に採用することでも、地球環境への負荷軽減に貢献できます。

いっけんエコな紙カップの落とし穴

関連する目標▼❼・⓬・⓭・⓯

オフィスでコーヒーを飲むとき、プラスチック製の使い捨てカップを使用するのはやめましょう。毎日1杯コーヒーを飲むとして、1年で365個のプラスチックカップをゴミにすることになります。出勤日だけの計算でも200個は超えるはずです。

オフィスには、使い捨てでないマイカップを用意しておきましょう。

では、出勤途中にコーヒーショップでコーヒーをテイクアウトした場合はどうでしょう。テイクアウトのカップは紙製なので大丈夫、と考えるでしょう。

しかし、紙カップも環境に負荷を与えています。

まず、「紙カップ」といっていますが、防水性を高めるために内側がポリエチレン等でコーティングされています。ですから、リサイクルはできず、焼却処分されます。

フタの部分はプラスチック製ですが、洗浄すればリサイクルが可能です。

また、「日本の紙消費量は世界第3位！」の項目（170ページ参照）で触れたように、紙は製造過程で多くの森林資源と水を消費しています。

コーヒーをテイクアウトする人は、フタつきのマイカップを持ち歩くようにしましょう。

テレワークはSDGsに貢献する働き方だった！

関連する目標▼❽・❾・❿・⓫・⓬

コロナ禍でリモートワークを推奨する企業が増えています。今後、パンデミックが終息した後に、リモートワークをやめるのか、それとも一定の割合で残していくのかは、会社側の判断になりますが、実際にリモートワークを実行してみると、デメリットばかりでなくいくつものメリットもあることもわかってきました。

そのひとつが、通勤による移動の必要がないということ。そのことで時間の節約ができ、時間を有効に使えるだけでなく、輸送機関の排出するCO_2削減にも貢献し、また、オフィス機能を維持するためのエネルギー消費、CO_2削減に貢献することになります。

また、ウェブ会議を積極的に活用することで、出張による移動を減らすこともできます。会議資料を紙で用意する必要がないので、ペーパーレス化による環境負荷の削減にも貢献できます。

リモートワークでも成果を上げられることがわかったため、コロナ後も一定の割合でリモートワークを残していくことを考える企業は増えています。もともと、リモートワークやＷＥＢ会議はコロナ以前から一部で導入されつつありました。

ＩＴ技術の発達により、実際に出社しな

リモートワークの普及が、CO_2削減に貢献している

くても仕事ができる、時には出社しないほうが効率が上がる業務が増えてきたからです。

今後、リモートワークの割合が増えてくれれば、オフィスを物理的に縮小することができます。オフィスの面積が小さくなれば、その分、照明や空調の消費エネルギーが減り、稼働するＯＡ機器の数が少なくなれば、やはり消費エネルギーが減ることになります。

リモートワークの活用によって、オフィス機能を維持するための経費ばかりでなく、CO_2排出量を大きく削減できます。

またリモートワークの活用は、CO_2削減の他にも、さまざまなメリットがあります。

通勤の負担が減ることで、その分の時間を、家族と過ごす時間を増やすなど生活を充実させるために使うことができます。また、育児や介護など、それぞれの事情に合わせた働き方もできます。

また、地理的な制約がなくなれば、地方に移住するなど、生活スタイルに合わせた住環境を選ぶこともできます。

企業にとっても、優秀な人材を全国、あるいは世界中から雇用することができるというメリットもありますし、オフィス機能を縮小して地方に移転することもできます。家賃が安くて環境がよいだけでなく、地方経済の活性化にもつながります。

前述したようにリモートワークを推進するかどうかは会社の判断ですが、これからの働き方について、会社と話し合ってみる価値はあるのではないでしょうか。

8章 レジャー・通勤・買い物…クリーンな移動の方法とは

旅行をするときのおすすめの移動手段は？

関連する目標▼⑬

コロナ禍で旅行をする場合、人との接触機会を減らすために、鉄道などの公共交通機関ではなく自動車を移動手段に選ぶ人が多いようです。

自動車での移動は、コロナ対策としては有効ですが、環境への影響を考えるならあまりおすすめできません。移動する距離にもよりますが、もっとも環境へのインパクトが少ない長距離移動の手段は、鉄道です。

移動によって排出するCO_2排出量を1人当たりに換算して比較すると、一度に大量の人を運べる鉄道がもっとも少なくなります。

国内旅行に行くなら、乗用車(レンタカーも含む)ではなく、鉄道を利用するようにしましょう。

旅行の移動手段についてはもうひとつ、バスという選択肢があります。バスは、鉄道ほど効率はよくありませんが、乗用車に比べれば、一度にずっと多くの人を運ぶことができます。

鉄道による移動がおすすめですが、何らかの事情でそれが無理なら、バスで移動しましょう。ただし、自動車の場合も、1台に4人乗るなら、1人当たりのCO_2排出量はバスと同程度に抑えることができます。自動車で旅行するなら、家族や仲間といっしょに、がおすすめです。

飛行機を利用する際のエコな方法とは

関連する目標▼⑬

2019年、スウェーデンの環境活動家のグレタ・トゥーンベリさんがニューヨークの国連気候変動サミットに出席する際、飛行機に乗らずに大西洋をヨットで横断しました。

飛行機は大量のCO_2を排出するためです。環境活動家たちは「Flying shame（飛ぶのは恥）」といって飛行機に乗らないよう、呼びかけています。

たしかに、飛行機での移動は大量のジェット燃料を必要とし、大量のCO_2を排出することになります。スウェーデンの鉄道会社ＳＪによれば、ストックホルム－イェテボリ間で比較した場合、飛行機移動は鉄道移動の４万倍のCO_2を排出しているとのこと。

同じくＳＪの意識調査によると、旅行の際に飛行機ではなく鉄道を利用したいと答えた人は37％（２０１９年）となっていて、前年の調査より17％も上昇しているとのことです。

環境への影響を考えるなら、飛行機にはなるべく乗らずに、鉄道で移動するようにしましょう。

たとえば、東京から大阪に移動する場合、飛行機と新幹線をそれぞれ利用した場合のCO_2排出量を比較してみましょう。空港での手続きなどを考慮すると、所要時間はほとんど変わりません。

まず、飛行機の場合、人ひとり運ぶときに排出するCO_2は、1キロメートル当たり0・109キログラム。羽田〜伊丹間は514キロメートルなのでCO_2排出量は約56キログラムとなります。

新幹線の場合、人ひとり運ぶときに排出するCO_2は、1キロメートル当たり0・0093キログラム。東京〜新大阪間は545キロメートルなのでCO_2排出量は約5キログラムです。飛行機を利用した場合の10分の1以下になります。

国内を移動する際は、できるだけ鉄道を利用するのが、環境にやさしいといえます。

しかし、日本は島国です。ヨーロッパと違って、鉄道で隣の国に行けるわけではあ

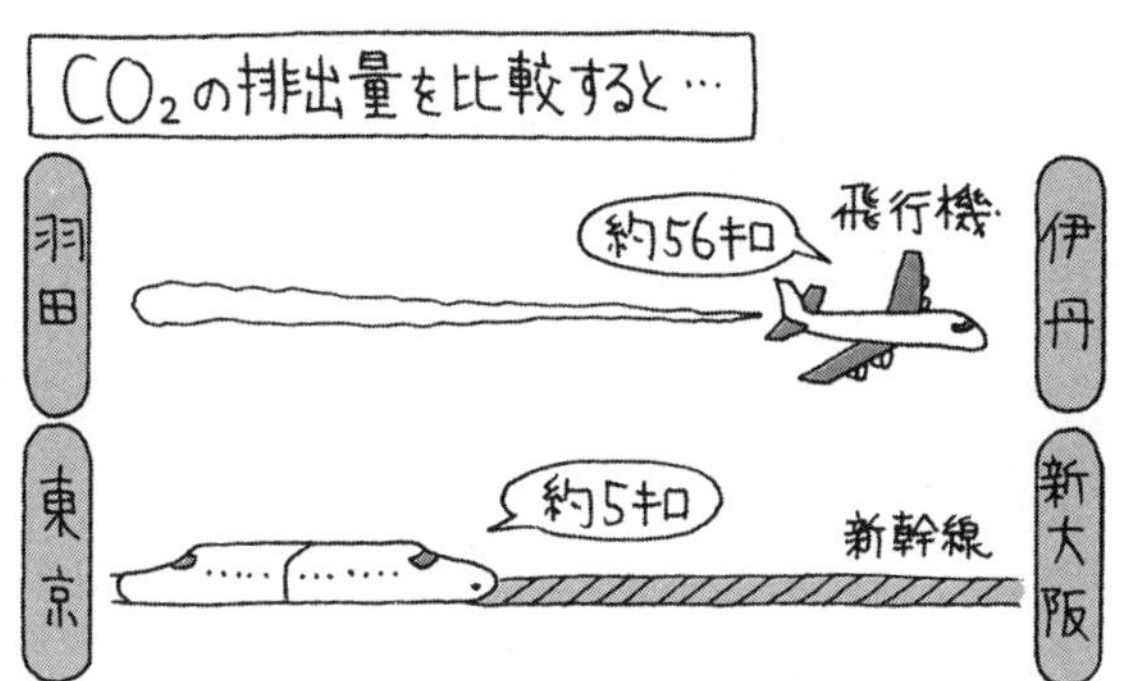

飛行機は莫大な量のCO_2を排出している

ります。

りません。同じ国内でも、沖縄のように鉄道では行くことのできない地域もあります。

それにアメリカやヨーロッパとも遠く離れているので、トゥーンベリさんのようにヨットや船で移動するというわけにもいきません。では、どうしても飛行機で移動しなければならないときはどんなことができるでしょうか。

まず、直行便を利用する。飛行機移動で、もっともCO_2を排出するのは離陸時です。長距離移動のときは、トランジットのない直行便を選ぶことで、CO_2排出量を抑えることができます。

また、荷物を少なくして乗りましょう。運ぶ重量を減らし、一度により多くの人を運べれば、それだけCO_2排出量は節約できます。

そしてもうひとつ、カーボンオフセットという方法もあります。カーボンオフセットとはCO_2を排出するなら、それ見合う分のCO_2削減への取り組みに投資することで、プラスマイナスゼロにする、という考え方です。

カーボンニュートラルに向けた企業の活動として考えられたものですが、最近は個人でも手軽に取り組める仕組みがあり、各航空会社も積極的に取り組んでいます。

たとえば、JALの場合、利用する便の出発地、到着地、搭乗クラスなどからCO_2排出量を計算し、それに見合う額を、希望するCO_2削減プロジェクトに寄付することができる仕組みになっています。こうした一連の手続きがホームページ上で簡単に行なえます。

カーボンオフセットは、CO_2を排出しないためのものではなく、あくまで排出分を相殺するものなので、「寄付さえすればCO_2を排出してもよい」という考え方につながりかねないことから賛否両論があります。

そうしたことを理解した上で、いま私たちができることのひとつとして、選択肢として考えてもよいのではないでしょうか。

SDGsにかなった「スロートラベル」のすすめ

関連する目標▼❽・❾・⓫・⓭

基本的に飛行機よりも新幹線、新幹線よりも在来線と、速度が遅くなるほど、CO_2排出量は少ない、という傾向があります。いま注目されている「スロートラベル」という旅行の方法、これは必ずしも移動速度の遅い旅のスタイルをしようということではありませんが、SDGsの考え方にかなった旅のスタイルなので、ここでご紹介しておきましょう。

スロートラベルとは、急いで観光スポットを見て回るのではなく、ゆっくり旅をしながら、ローカルな文化に触れたり、現地の人々の暮らしを体験したりして、自然体で楽しもうというものです。

また、飛行機で目的地に行って帰ってくるというよりは、鉄道などの〝スロー〟な交通手段を利用して、途中で出会う人々とも交流しながら移動する、というスタイルを「スロートラベル」と呼ぶ場合もあり、環境への負荷を軽減する意味で、スロートラベルを志向する人もいます。

有名観光スポットもそれぞれ訪れる価値のあるものと思いますが、観光地化が進みすぎると、観光客と土産物屋ばかりでローカルなその土地ならではの魅力が感じられない、ということもあります。

テーマパークや歴史的建造物などの観光資産がなくても、観光地から外れた街に滞在し、その土地の魅力を発見し、地元の人たちの暮らしを理解してみることは、地域に対して直接的、間接的に利益をもたらすことになります。

こうしたスロートラベルは、長期滞在型でないと意味がないと考えてしまいがちですが、「観光名所ばかりでなく地域の文化に触れる体験をする」という本来の考え方に立ち返るなら、1~2泊でも十分に楽しめるはずです。

スロートラベルによってCO_2の削減だけでなく、心身ともにリラックスできる経験になるかもしれません。

車の買い替え時にEVという選択肢を

関連する目標▼❼・❾・⓬・⓭

ガソリンで走る自動車は、近い将来、地球上から消えるかもしれません。EUは、2035年までにハイブリッド車を含むガソリン車の販売を事実上禁止にしました。これに追随（ついずい）するように日本も2035年までにガソリン車の新車販売を禁止する方針を打ち出しています。

ガソリンで走る自動車は、CO_2を排出します。

国土交通省の資料（2018年度）によれば、日本の部門別のCO_2排出量は、産業部門3億9800万トン（35％）に次いで、運輸部門は2億1000万トン（18・5％）。その運輸部門の内訳を見ると、約半分に当たる46％が自家用自動車によるものとなっています。つまり日本のCO_2総排出量の8・5％は、自家用自動車から出ていることになります。

もしこれから新車の購入を考えているのなら、EV（電気自動車）にするべきなのでしょうか。少し検証してみましょう。

EVは、電気によってモーターを回して走ります。よって、走行時に排出するCO_2は、基本的にはゼロです。

しかし、それだけを見て判断するのは早計です。使用する電力が何に由来するかが重要なポイントだからです。

日本の場合、2019年度の電源構成を見てみると、風力や太陽光などの再生可能エネルギーは世界平均より低く18％にとどまっています。原子力の6％と合わせても、CO_2を排出しない電源は2割程度ということになります。逆に、天然ガスや石炭などの化石燃料が76％と大きな割合を占めています。

EVは、走行時にはCO_2を排出しませんが、使用する電力を生産するときに

CO_2を排出しています。

ちなみに欧米の場合は、再生可能エネルギーが日本より普及しているため、ガソリン車と比較した場合のEVのCO_2削減率は、日本よりよい数字になるはずです。

じつは、単純にEVのほうが環境によいとはいえない理由がもうひとつあります。EVのほうが製造時のCO_2排出量が大きいのです。ある試算によれば、ほぼ2倍にもなるということです。

こうしたさまざまな点を考慮して総合的に判断すると、ガソリン車がよいかEV車にするべきかという問いの答えは、走行距離による、ということになります。

出荷直後（走行距離ゼロ）では、EV車に比べてガソリン車のCO_2排出量は2分の1程度。走行距離が多くなるほど、次第にEV車が有利になります。

ボルボ社の試算によれば、電源をすべて再生可能エネルギーで賄（まかな）った場合、4万9000キロメートルで逆転し、EVのほうがトータルのCO_2排出量が少なくなります。電源比率をEU平均で計算すると、7万7000キロで逆転します。では日本の場合はどうかというと、別の試算で9万キロで逆転するという結果が出ています。

ここで一応の結論が出ました。日本では、９万キロ以上走るならＥＶにしたほうがいいということになります。

ただし、この数字は、あくまで現時点でのデータをもとにしたものです。今後の技術革新で、ＥＶ製造時のCO_2の排出量をいま以上に削減することは可能でしょう。

また、政府のエネルギー基本計画によれば、２０３０年度には再生可能エネルギーと原子力で全電源の５～６割程度を賄うことを目標としています。そうなれば、もっと早く逆転が起こるかもしれません。

技術の未来に期待するなら、やはりＥＶを選ぶべきです。

補足すると、未来の自動車については、ＥＶの他にもうひとつ可能性があります。ＦＣＶ（燃料電池自動車）です。水素を酸素と反応させて電力をつくるＦＣＶも、走行時にCO_2を排出しません。その点では、ＥＶ同様地球環境にやさしいといえます。

現状では水素ステーションなどのインフラの整備が遅れていて、世界的に見てもＥＶほどには普及していません。今後、普及していくとしても、よりメリットがあるのは自家用乗用車ではなく、バスやトラックなどの大型商用車と考えられています。

将来は、路線バスや、お店に品物を届ける営業用貨物車などに活用されるようになるかもしれません。

通勤・買い物は自動車から自転車に

関連する目標▼❼・⓭

ＥＶやＦＣＶに乗るよりも、もっとCO_2削減に貢献する方法は、自動車に乗らない、という選択をすることです。

オフィスには自転車で通勤、買い物は近所の個人商店で買うようにすれば、自動車をほとんど必要としない生活が実現します。

歩いて行けるところはなるべく歩いていく、少し遠いところは自転車で行く、というスタイルを実践すれば、健康にもよいでしょう。

自動車に乗る機会が少なくなったら、自動車を所有するよりも、必要なときだけレンタカーを借りたり、カーシェアリングを利用したりするほうが、ずっと維持費がかからないはずです。

自動車をもたない生活を体験してみれば、いまよりずっと健康的、かつ経済的であることに気づくでしょう。もちろん CO_2 排出量もぐっと減らせます。

とはいうものの、移動のための動力を人力だけに頼るのも心もとない、という人は、電動アシスト自転車や電動キックボードはどうでしょう。

これらの移動手段は、最近よく街で見かけるようになりました。都市部では、いわ

通勤や買い物を自転車にするだけでも、CO_2削減に貢献できる!

ゆる〝ママチャリ〟が急速に電動アシストにおき替わりつつあるようです。

これらの移動手段は、電動なので走行時に直接CO_2を排出することはありませんが、製造時に多くのCO_2を排出します。電動アシスト自転車は、一般の自転車にモーター部が付属したものですが、とくにバッテリーの製造に多くのエネルギーと資源を必要とします。製造時のCO_2排出量は、自転車の約1・5倍になります。電動キックボードについても、比較の対象はないものの、バッテリーを搭載していることを考慮すべきでしょう。

それでも、走行距離あたりのライフサイクルCO_2排出量（製造から運転・廃棄までを含めたCO_2の排出量のこと）で比較すると、電動アシスト自転車は乗用車の10分の1以下になります。

自動車に乗るよりはずっと環境にやさしいといえるでしょう。

9章 サステナブルを見据えたデジタルライフの知恵

メールを送るだけでCO_2が排出されていた！

関連する目標▼⑦・⑫・⑬

紙の使用をやめてデジタル化を推進すれば、環境負荷が軽減できる、とは一概にいい切れません。企業が保有するオンラインコンテンツやクラウドストレージは、データセンターに保存されることがほとんどですが、いま、巨大化したデータセンターの環境負荷が問題になっています。

データセンターで大量に稼働するＩＴ機器やサーバ冷却用空調機器による電力消費量は、全世界の電力消費総量の１％といわれています。これを多いと見るか少ないと見るかは見解のわかれるところですが、今後この数字は大幅に増えるだろうという予測もあり、予断を許しません。

クラウドサービスを利用するときは、環境負荷に配慮した企業を選びましょう。定期的にクラウド上のデータを点検し、不要なデータを削除しましょう。また、不要な電子メールの送信や、返信をやめましょう。

ＣＮＲＳ（フランス国立科学研究センター）によれば、１メガバイトの電子メールを１通送ることで、20グラムのＣO_2排出になるそうです。これは60ワットの電球を25分つけているのと同じ。また１日20通のメールを１年間送り続けると、自動車で１０００キロメートルを走行するのと同じだけのＣO_2を排出している計算になるそうです。

パソコンなどのデバイスの使用する電力も含めると、インターネット全体では、全世界の電力使用量の６～10％を消費し、温室効果ガス排出量の４％に責任があるとのこと。

環境負荷軽減のために、ペーパーレス化は進めるべきですが、あまりデジタルに頼りすぎるのも好ましくないようです。

紙を使わなくても、環境への負荷はゼロではないのです。

森林保護に貢献できる検索エンジンがある?!

関連する目標▼❾・⓬・⓭・⓯

誰もがインターネットの機能で、もっとも利用しているものといえば、グーグルをはじめとする検索エンジンではないでしょうか。パソコンやスマートフォンから、1日に何度も「ググって」いるはずです。

検索をするなら、Ecosia(エコシア)を使いましょう。Ecosiaは、検索するだけで森林保護に貢献できる検索エンジンです。

COP15(第15回気候変動枠組条約締約国会議)開催と同じ2009年12月7日に設立されたEcosiaは、事業によって得た収益の80%を植林・森林活動を行なう非営利団体WWF(世界自然保護基金)に寄付しています。

収益は、他の検索エンジン同様、広告によって得ています。ユーザーが表示される広告をクリックすると、スポンサーから広告料金が支払われます。Ecosiaによれば、1回の検索で、平均0・5セント(ユーロセント)の収益になります。1本の植樹に提供する費用は約22セントなので、約45回の検索で1本の木を植えることができるとしています。これまですでに1億4000万本以上の木が植えられているそうです。

Ecosiaは世界で1500万人のユーザーに使われています。

パソコンでEcosiaを使用する場合は、Ecosiaの検索ページにアクセスして、通常の検索同様に使えます。ブラウザがグーグルクロームなら拡張機能に追加することもできます。

スマートフォンで使用する場合は、アプリも用意されています。

パソコンの廃棄を増やさないためにできること

関連する目標▼❾・⓬・⓭

仕事にせよプライベートにせよ、現代人の生活にはパソコンは不可欠です。パソコンの性能はつねに進化していて、テレビや冷蔵庫のようにもっているだけでは満足できず、つねに新しい機能と性能を搭載した最新モデルが欲しくなります。そういうわけで、パソコンの平均使用年数は3〜5年。高価なわりに、使用年数が短い商品です。

新しいパソコンに買い替えると、古いパソコンは不要になり、廃棄物になります。このようなパソコンやスマートフォン、乾電池などの廃棄物は電子廃棄物（e-waste）と呼ばれます。

国連のグローバル電子廃棄物統計パートナーシップのレポートによれば、世界で出される電子廃棄物の総量は５３６０万トン（２０１９年）、このうち回収・リサイクルされているのは約17・５％だけとのこと。また、総量は２０３０年までに７４７０万トンまで増えると予測しています。

同レポートによれば、日本での電子廃棄物は２５６・９万トン。国民１人当たりに換算すると、約20キロの電子廃棄物を出していることになります。リサイクル率は20％程度です。

パソコンは、製造する際にさまざまな金属を使用します。１台のパソコンを製造するのに、その10倍の重量の材料と化学物質が必要だといわれています。

パソコンに使われている金属は、銅、鉛、金、アルミニウム、マグネシウム、ケイ素、亜鉛、コバルト、鉄など。有害な水銀やカドミウムなどが使われてい

パソコンもすぐに買い替えたりせず、なるべく長く使うこと！

ることもあります。

廃棄する際には、これらの金属を回収して再利用しなければなりません。また、有害な物質が放出されて、環境に影響を及ぼさないように処理する必要もあります。

しかし、国連の調査によれば、電子廃棄物のうち、適切に回収・リサイクルされているのは前述のとおり20％足らずで、大半は焼却または埋め立て処分されています。

パソコンを購入するときは、新品よりもリサイクル品を購入しましょう。廃棄処分になるパソコンを、ひとつ救うことができます。

もし新品を買うなら、ノートパソコンよりも、デスクトップパソコンがおすすめです。修理やアップグレードがしやすいからです。

買い替えるときは、古いパソコンを販売店や買取業者に持ち込んで適切にリサイクルしましょう。2003年にPCリサイクル法ができたため、家庭のパソコンを粗大ゴミとして処分することはできません。製造したメーカーは、責任をもって回収して処分しなければならない決まりがあります。

不要になったパソコンを処分するには、次の方法があります。

- 新しいパソコンを購入する際に下取りしてもらう
- パソコンメーカーに回収してもらう
- パソコンリース会社に回収してもらう
- 中古買取店に買い取ってもらう
- 自治体の回収ボックスを利用する

しかし、環境に負荷を与えないためには、まだ使えるのに安易に新製品に買い替えたりせず、できる限り長く、廃棄せずに使い続けることがもっともよい方法です。

「スマホ」が紛争問題を引き起こしている？

関連する目標▼❶・❹・❺・❽・❾・⑩・⑪・⑬・⑯

内閣府の調査によれば、ガラケーも含めた携帯電話の平均使用年数は4・3年となっています。携帯電話の普及率は95・8％で、そのうち88・9％がスマートフォンでした。パソコン同様、スマートフォンもまた、4年程度で買い替えられ、電子廃棄物となる運命にあります。

しかし、スマートフォンの場合、最大の課題は、廃棄する際ではなく製造する段階、原料調達の段階にあります。

スマートフォンの内部には、レアメタルと呼ばれる希少な金属が使われています。とくに重要な、すず（Tin）、タンタル、タングステンに金（Gold）を加えた4種を、3TGと呼んでいます。たとえば、耐熱性が高く蓄電量も多いタンタルは、コンデンサになくてはならない金属です。

こうしたレアメタルは、スマートフォンだけでなく、ノートパソコンなどの電子機器にも使われています。

このようなレアメタルを産出する地域は限られています。たとえば、タンタルの80％は、アフリカのコンゴ民主共和国で産出しています。そして、日本ではあまり報道されないことですが、コンゴでは1990年代に始まった紛争がいまも続いていて、多くの一般市民が犠牲になっています。その紛争を続ける武装勢力の資金源になっているのが、レアメタルです。採掘の現場では、劣悪な条件のもと、多くの労働者が低賃金で働かされていて、武装勢力に搾取（さくしゅ）されています。

世界中でスマートフォンが使われるほど、武装勢力に利益をもたらし、紛争を激化させていることになります。レアメタルで得た資金で武器を買い、多くの人たちを殺傷しています。

もちろん、スマートフォンのユーザーの多くは、この事実を知りません。そこで、より多くの人に知ってもらおうと、2010年にオランダのFairphone（フェアフォン）社が発表したスマートフォンが「Fairphone」です。

Fairphoneは、紛争地域で産するレアメタルを使用せず、それ以外のルートで入手した〝コンフリクト（紛争）フリー〟のレアメタルのみを使用しています。その他の材料も、フェアトレード認証のゴールド、リサイクルされたプラスチックや銅など、エシカルな素材のみを使用しています。

また、組み立てを行なう工場での人権にも配慮しています。従業員の労働環境や従業員満足度に気を配り、最低限の生活水準を維持できるよう、法廷最低賃金に上乗せした手当を支給しています。

そして、もうひとつの特徴は、モジュール式で設計されていること。バッテリーはもちろん、ディスプレイやカメラなどのパーツ交換ができるので、壊れたら修理して使い続けることができます。実際、購入時には、平均的な使用年数より長い5年間の品質保証が付いています。

こうしたエシカルなスマートフォンは、Fairphoneの他にも、アメリカのスタートアップ、Teracube（テラキューブ）社が開発した「2e」などがありますが、残念ながらどちらも日本では発売されていません。

日本で使用する場合は、通販サイトなどを通じて、ＳＩＭフリーの製品を輸入するなどの方法があります。

10章 個人商店・企業を〝応援〟してSDGs達成に協同する

地域活性化のために個人商店でモノを買う

関連する目標▼❸・❽・⓫・⓰

日用品は、できるだけ地元の個人商店で買いましょう。

理由はふたつあります。ひとつはこれまでですでに触れたように、サプライチェーンが長くなるほど、環境負荷が大きいからです。

食料品であれば、生産地からの輸送にエネルギーを消費します。地元で生産されたものを、地元の商店から購入すれば、それだけCO_2排出の軽減につながります。輸入ものより、国産のほうが、環境にもやさしい、ということになり

個人商店での買い物が地域活性につながる!

ます。

衣料品や日用品は、なかなか地元で生産したもの、というわけにもいきませんが、同じものでも大型スーパーではなく、地元の商店で購入しましょう。それはもうひとつの理由、地元経済を応援するためです。

いまは、どこの地方都市にも大きなスーパーが進出しています。こうした大型店で買い物をすれば、大型店を経営する大企業の利益となり、地元にお金が落ちません。その結果、地元経済が疲弊(ひへい)し、多くの街で〝シャッター商店街〟が出現していることは周知のとおりです。

地方の活性化が持続可能な社会の実現に不可欠なことは明らかです。たとえば、目標❸の「すべての人に健康と福祉を」で「すべての人」といっているのは、都市部の人だけではありません。目標❽の「働きがいも 経済成長も」とは、ITや情報産業だけでなく、地方も含めて働く人すべてを対象にしているはずです。

そもそも「誰ひとりとして取り残さない」のがSDGsの原則です。人口も経済も都市部に集中して、地方が取り残されるのでは、持続可能な社会ではありません。

そういうわけで、買い物は地元の個人商店で。都市部に住んでいる人も、住んでいる街の個人商店で買い物をすることをおすすめします。

地方の特産品・工芸品を取り寄せる

関連する目標▼❸・❼・❽・❾・⓭

地方の経済を応援する、という意味では、とくに「地元」である必要はありません。小売業については、なかなか地方を応援するのは難しいですが、製造業なら可能です。

たとえば、地方で伝統的な製法を守ってつくられる、酒、味噌（みそ）、醤油（しょうゆ）などのいましょう。

近年、こうしたものの多くはＥＣ（電子商取引）で購入できるようになっています。生産者のサイトで直接購入できるものは、サプライチェーンが短いので、その分、エネルギー消費も少ないし、価格も割安です。送料はかかりますが、それでもそれに見合う満足感はあるはずです。

大量生産・大量消費を前提として効率を重視する大企業の製品と違って、小規模生産者の製品は、品質を重視してつくられます。品質から生まれる信用が、事業存続のためには欠かせないからです。

また、食品加工品であれば、長期の流通を考慮していないため、添加物も少なく、体にも環境にもやさしいというメリットもあります。

ヨーロッパでは「バイイング・フロム・アルチザン（職人からモノを買うこと）」が美徳とされているそうです。

パンはパン屋で買う、味噌は味噌屋で買う。それがよいものを消費することでもあり、よいものをつくる人を育てることでもある、という考え方です。

大型スーパーは何でも揃って いて便利ですが、時には、地元の商店で、地方の小規模生産者が生産したものを購入するようにしましょう。

買い物をするときに意識しておくべきこととは?

関連する目標▼❶・❷・❸・❻・❼・❽・❿・⓬・⓭・⓮・⓯・⓰・⓱

買うモノを選ぶときの基準はいろいろあります。たとえば価格。安いからこの商品を買う、という場合です。あるいは、品質を基準にして、よいものを買うこともあるでしょうし、安全性を第一に考えて、体によいものを選ぶこともあるでしょう。

いま、SDGsを意識する人が増えているなかで、注目されているのが「エシカル消費」。エシカルであるかどうかを基準に、モノを選ぶという買い方です。

エシカルとは、「倫理的な」「道徳的に正しい」という意味。エシカル消費とは、「地域の活性化や雇用なども含む、人や社会、環境に配慮した消費活動」ということです。

エシカルを基準に消費するとは、具体的にはどのようなことをすればよいのでしょう。

たとえば、本書でもすでに紹介してきた、フェアトレード商品を買う、というのもわかりやすい一例です。

たとえばチョコレートやコーヒーは、市販の大量生産品よりも価格は少し高いかもしれませんが、エシカルを基準にフェアトレードの商品を選ぶ、それがエシカル消費です。

他にも、つぎのような例があります。

・環境に配慮した商品を選ぶ

オーガニックな食品や衣類

包装ゴミを減らす工夫がされた簡易包装商品、詰替え商品、使い捨てでない商品

リサイクル、リユース、アップサイクル商品

生産の際に環境や人権に配慮したＲＳＰＯなどの認証マークのついた商品

森や海の資源保護に配慮した認証ラベル（マーク）がついた商品

・**人権や社会に配慮した商品を選ぶ**

障がい者がつくった商品

コロナや天災などで被害を受けている生産者の商品

性別、人種、性的マイノリティなど、多様性に配慮した雇用を行なっている企業の商品

・**地域に配慮した商品を選ぶ**

地産地消の商品

地域経済に貢献する商品（地元の商店で買う）

・**アニマルウェルフェア（動物福祉）に配慮した商品**

フェイクファーを使用した商品　など

こうした具体例をひとまとめで言うなら、「いつもＳＤＧｓを頭の片隅で意識しながら買い物をしよう」という原点に戻ることになります。

私たちは誰もが消費者です。まったくの自給自足でない限り、必ず何かを消

費して、生活しています。そして消費することは、流通や生産などの過程を通して、必ず社会とつながっています。

消費者が何を選ぶかということは、社会に対する意思表示であり、働きかけでもあります。企業や（小規模生産者も）、流通は（地元の個人商店も）、消費者が選んでくれるものをつくり、売ろうとするでしょう。

選挙の投票のように、消費は社会を変えていく行動だ、と考えることが、すなわちエシカル消費なのです。

ESG投資を通じて持続可能な社会に取り組む

関連する目標▼すべて

SDGsに配慮した企業を応援する方法に、その会社の株を購入して、資金面から支えるという方法があります。

これをESG投資といいます。

ESGとは、環境（Environment）、社会（Social）、企業統治（Governance）のことで、ESG投資とは、この3つの視点を重視して投資先を決めようというものです。

従来の考え方では、企業の業績や財務状況などの財務情報を評価して、投資の判断をするのが普通でしたが、最近では、こうした財務情報だけでは、企業の長期的な成長を評価できないと考えられるようになっています。

たとえば、製品の製造工程での汚染物質削減に努力している、再生可能エネルギーを積極的に取り入れているなど、環境に配慮している企業、生産工場の労働者に十分な賃金を支払い、手厚い福祉を提供しているなど、社会に目を向けている企業、女性管理職を多く採用しているなど、健全な企業統治を実現している企業。

こうした企業は、現在の財務状況には表れていないポテンシャルがある。将来性があるので投資しよう。あるいは、こうした活動を将来も続けて欲しいので投資しよう、というのがＥＳＧ投資の考え方です。

ＥＳＧ投資に注目が集まったのは、２００６年に国連が機関投資家に対し、ＥＳＧを投資プロセスに組み入れる「責任投資原則（ＰＲＩ）」を提唱したことがきっかけですが、それよりずっと以前の１９２０年代、米キリスト教教会な

ESG投資とは

①環境(Environment)
- 汚染物質の削減に努めている
- 再生可能エネルギーを積極的に取り入れている…など

②社会(Social)
- 労働環境への配慮がなされている
- 地域社会に貢献している…など

③企業統治(Governance)
- 女性管理職を多く採用している
- 法令を遵守している…など

の3つの視点を重視して投資をすること

どで宗教上の理由からたばこ、アルコール、ギャンブル等に関わる企業への投資を禁止したことがあり、これがESG投資の起源といわれています。

ちなみに前項で説明したエシカル消費も、始まりは1989年、イギリスで創刊された「エシカル・コンシューマー」という雑誌がきっかけだとか。日本では、どちらもここ10年以内に台頭してきた〝新しい考え方〟と思われがちですが、欧米では100年以上前からその基盤があったといえるでしょう。

ESG投資を始めるには、いくつ

かの方法があります。

ひとつは、ESGの取り組みを評価する企業の株を個別に買う、という方法。上場している企業の情報を調べて、株式を購入します。企業のESG格付けをする機関があるのでそれを参考にするとよいでしょう。

ただし、ESG投資は、その性格上、長期の投資が基本になります。加えて、個別株は将来予測が難しく、リスクが大きいので、投資信託を利用するほうが安全です。

現在、日本では100を超える、ESGをテーマとした投資信託があるといわれています。このなかから目論見書（もくろみしょ）をチェックして、自分の目的に合う投資信託を選びましょう。あるいは、証券会社などの専門家に相談してみるのもよいでしょう。

もうひとつ、少額からできるESG投資の方法に、クラウドファンディングがあります。

クラウドファンディングは、被災者支援などの寄付を募る場合や、フードロスを削減するために購入者を募る場合などにも使われる方法で、もちろんこうした形で、ＥＳＧに配慮した取り組み、スタートアップを応援することもできます。

しかし、持続可能性という意味では、株主になって配当を得る株式投資型クラウドファンディングが適しているといえるでしょう。

現在、地球環境への負荷軽減や、再生エネルギー利用などの分野で新規事業に乗り出そうとする野心的なスタートアップも増えているので、株式投資型クラウドファンディングで、そうした企業の株主になる、というのもいいかもしれません。

SDGs実現に向け、〝知ること〟から始めよう

関連する目標▼すべて

ＥＳＧ投資にしても、エシカル消費にしても、あるいは地方の企業を応援するにしても、まず、知らないことには何もできません。

ＳＤＧｓに配慮したどんな商品があるのか、どんな会社が、どんな事業をしているのか、まず知るところから始めましょう。

企業のSDGsについて知りたければ、企業が1年に1回発行する「サステナビリティレポート」を見てみましょう。これは、企業が行なっている、持続可能な社会に向けての取り組みを報告するレポートです。「CSRレポート」「環境報告書」などと呼んでいる企業もあります。決算報告書と合わせて「統合報告書」としている企業もあります。

決算報告書と異なり、サステナビリティレポートの発行は義務ではありません。しかし、日経225の構成銘柄となっている225社のうち218社、97%の企業がサステナビリティレポートを発行しています（2020年）。

サステナビリティレポートを入手するには、ホームページから請求する方法もありますが、その内容をホームページ上で公開している企業もたくさんあります。

こうした情報公開は、かつては主に機関投資家のためのものでしたが、最近はSDGsへの関心の高まりとともに、むしろ個人投資家や一般消費者をターゲットとして、内容もわかりやすく、専門知識がなくても理解できるように工夫されているものがほとんどです。

こうしたレポートやサイトを見てみると、店頭で商品を購入するだけでは知ることができなかったさまざまな取り組みを、企業が行なっていることがわかります。

たとえば、脱炭素社会の実現に貢献するために、再生可能エネルギーの導入を進めていたり、森林や海洋の環境保全の活動に協力していたり、あるいは、人権に配慮した原料調達を行なっていたり、ふだんは表に出ない企業の取り組みを知ることができます。

こうした情報は、実際にESG投資をするためだけに役に立つわけではありません。投資をしなくても、知っているだけで、店頭で見かけた商品に手を伸ばすきっかけになるかもしれません。企業に対する好感度が上がることもあるでしょう。

その積み重ねが、少しずつですが、社会をよい方向に変えていくことになるはずです。

もちろん、企業の発行するレポート以外にも、世の中に急速に増えつつあるSDGsへの取り組みを知る手段はたくさんあります。インターネットはもちろん、テレビや雑誌などのメディアにも情報は溢(あふ)れています。

ＳＤＧｓ、持続可能な社会のための17の目標を達成するために、誰でもいますぐ始められる大事なこと、それは、まず「知る」ということです。

◉左記の文献等を参考にさせていただきました――

『使い果たす習慣』森秋子、『あなたとSDGsをつなぐ「世界を正しく見る」習慣』原貫太（以上、KADOKAWA）／『「食品ロス」をなくしたら1か月5,000円の得！』井出留美、『家事の得ワザ』「得する人　損する人」編（以上、マガジンハウス）／『サステイナブルに暮らしたい』服部雄一郎、服部麻子、『ゼロ・ウェイスト・ホーム』ベア・ジョンソン、服部雄一郎訳（以上、KTC中央出版）／『少ないもので料理する』ドミニック・ローホー、原秋子訳、『賞味期限のウソ』井出留美（以上、幻冬舎）／『はじめてのエシカル』末吉里花（山川出版社）／『あるものでまかなう生活』井出留美（日本経済新聞出版社）／『これってホントにエコなの？』ジョージーナ・ウィルソン＝パウエル、吉田綾監訳（東京書籍）／『NHK「あさイチ」スーパー主婦のスゴ家事術』伊豫部紀子（主婦と生活社）／『水の節約&エネルギーの節約』シアン・ベリー、冨重佳美訳（ガイアブックス）／『重曹、お酢、クエン酸の使いこなしバイブル』岩尾明子（主婦の友社）／『10代からのSDGs　いま、わたしたちにできること』原佐知子（大月書店）／『お笑い芸人と学ぶ　13歳からのSDGs』たかまつなな（くもん出版）／『身近でできるSDGs　エシカル消費1～3』三輪昭子（さ・え・ら書房）／『今日からなくそう！食品ロス3』上村協子監修（汐文社）／『ごみから考えるSDGs』織朱實監修（PHP研究所）／『食卓からSDGsをかんがえよう2　食品をつくる責任、消費する責任』服部幸應監修（岩崎書店）／『きみにもできる！よりよい世界のつくりかた』ケイリー・スウィフト文、リース・ジェフリーズ絵、宮坂宏美訳（廣済堂あかつき）／『SDGsな生活のヒント』タラ・シャイン、武井摩利訳（創元社）／『ドローダウン　地球温暖化を逆転させる100の方法』ポール・ホーケン編著、江守正多監訳（山と溪谷社）／『プラスチック・フリー生活』シャルタン・プラモンドン、ジェイ・シンハ、服部雄一郎訳（NHK出版）／『より少ない生き方』ジョシュア・ベッカー、桜田直美訳（かんき出版）／『少ない物ですっきり暮らす』やまぐちせいこ（ワニブックス）／『FRaU　SDGs　MOOK　FOOD「おいしい」の未来。』（講談社MOOK）／『住む。No.24』（泰文館）

KAWADE
夢文庫

暮らしのSDGs術

二〇二二年二月二八日　初版発行

著　者…………ライフ・エキスパート[編]
企画・編集……夢の設計社
東京都新宿区山吹町二六一〒162-0801
☎〇三―三二六七―七八五一(編集)
発行者…………小野寺優
発行所…………河出書房新社
東京都渋谷区千駄ヶ谷二―三二―二〒151-0051
☎〇三―三四〇四―一二〇一(営業)
https://www.kawade.co.jp/
装　幀…………こやまたかこ
印刷・製本……中央精版印刷株式会社
DTP……………アルファヴィル
Printed in Japan ISBN978-4-309-48581-2